刘翠溶

著

什么是环境史

图书在版编目（CIP）数据

什么是环境史 / 刘翠溶著. —北京：生活·读书·新知三联书店，
2021.2
　（乐道文库）
　ISBN 978 - 7 - 108 - 06824 - 8

Ⅰ．①什…　　Ⅱ．①刘…　　Ⅲ．①环境－历史－研究－世界
Ⅳ．①X－091

中国版本图书馆 CIP 数据核字（2020）第 060872 号

责任编辑　王婧娅
特约编辑　周　颖
封面设计　黄　越
责任印制　黄雪明
出版发行　生活·讀書·新知 三联书店
　　　　　（北京市东城区美术馆东街 22 号）
邮　　编　100010
印　　刷　江苏苏中印刷有限公司
排　　版　南京前锦排版服务有限公司
版　　次　2021 年 2 月第 1 版
　　　　　2021 年 2 月第 1 次印刷
开　　本　889 毫米×1092 毫米　1/32　印张　10.5
字　　数　213 千字
定　　价　54.00 元

目　录

第一章　导论

一、 环境史的定义

/

首先，什么是环境？我曾在1999年发表的论文中指出，在中国传统文献中，并无当代社会所谓的"生态环境"或"自然资源"等用语。在二十五史中，"环境"一词只出现三次："时江南环境为盗区"（《新唐书》卷143），"繇是数年敌不敢近环境"（《宋史》卷335），"环境筑堡寨"（《元史》卷143）。在这三例中，"环境"显然是指环绕某地的周围，其语意和现代用法不同；在现代用法中，"环境"指影响有机体（包括人和社会，以及其他物种）生长和发展的各种外在条件之总和。在中国传统文献中常见"山林""川泽"或"山林川泽"等用语；这些用语所指涉的范围当然不如"生态环境"或"自然资源"那么广泛，不过，这四个字或合而为一词，或分而为二词，在文

献上常用于指涉与生态或自然资源有关的物质条件和现象。[1]

澳大利亚学者季平（Alan Gilpin）在 2000 年讨论环境经济学的书中指出，实质上，以最广义来说，"环境"（environment）包含了影响任何个体和事物生存、生活或发展的条件。这些影响可分为三类：（1）影响个体或社群成长和发展的物质条件之组合；（2）影响个体或社群的天性之社会与文化条件；（3）具有实质社会价值的无生命物体之周围环境。在此，这个观念基本上是人为的或与人类相关的，虽然很多人会强调自然本身的重要性。人类的环境包括无生命的因素，土地、水、大气、气候、声音、气味和滋味；有生命的因素，其他人、动物、植物、生态、细菌和微生物；以及构成生活质量的所有社会因素。[2]

目前习用的"环境史"（environmental history）一词是指历史见证的不再只是个人生死的故事，而是关于社会与物种，及其与周遭环境的关系。环境史与当代环境主义思潮有关，而后者之思想渊源可上溯至 17 至 18 世纪一些西欧人对陌生的热带地区环境之实际经验。此外，自 19 世纪中叶以来，环境的观念就已运用于历史地理的

---

[1] 刘翠溶，《中国历史上关于山林川泽的观念和制度》，收入曹添旺、赖景昌、杨建成（主编），《经济成长、所得分配与制度演化》，"中央研究院"中山人文社会科学研究所专书（46），（台北，1999 年 8 月），页 1—42。

[2] Alan Gilpin, *Environmental Economics: A Critical Overview* (Chichester, England: John Wiley & Sons, Ltd., 2000), p.15.

研究。① 自 1970 年代以来，环境史才逐渐成为历史学的一个研究领域。美国史家沃斯特（Donald Worster）认为，环境史研究是在"要求重新检讨全球文化的时机"中展开，而目的在于"加深我们了解在时间过程中人类如何受到自然环境的影响，以及他们如何影响环境和得到了什么结果"。② 对于中国历史学者而言，环境史尤其是一个新领域，因为第一份研究构想是在 1990 年才由当时任教于澳大利亚国立大学的伊懋可（Mark Elvin）提出。③

沃斯特曾为环境史下一个简洁的定义："环境史是有关自然在人类生活中之角色与地位。"（Environmental history is about the role and place of nature in human life.）他指出，环境史研究大致以三个层次进行，探索三个问题：（1）自然本身在过去如何被组织起来以及如何作用；（2）社会经济与环境间之互动；（3）在个人与群体中形成的对于自然的观念、伦理、法律、神话及其他意义结构。他也强调，

① 这个看法见于 Richard H. Grove, *Green Imperialism: Colonial Expansion, Tropical Island Edens and the Origins of Environmentalism, 1600 - 1860* (Cambridge: Cambridge University Press, 1995)。亦可看参 Richard H. Grove, "Environmental History," in Peter Burke (ed.), *New Perspectives on Historical Writing* (Cambridge: Polity, 2001), pp. 261 - 282。此一看法也为 Mark Elvin 所引用，见 Mark Elvin, "Introduction," in Mark Elvin and Liu Ts'ui-jung (eds.), *Sediments of Time: Environment and Society in Chinese History* (Cambridge and New York: Cambridge University Press, 1998), p. 1.

② Donald Worster, "Doing Environmental History," in Donald Worster(ed.), *The Ends of the Earth: Perspectives on Modern Environmental History* (Cambridge and New York: Cambridge University Press, 1988), pp. 290 - 291, and p. 309, for a selected bibliography of introduction to the field.

③ Mark Elvin, "The Environmental History of China: An Agenda of Ideas," *Asian Studies Review*, 14.2(1990), pp. 39 - 53.

虽然分为三个层次，其实要探索的是一个整体。[①]

伊懋可也曾简洁地为环境史下一个定义：“环境史较精确地被定义为透过历史时间来研究特定的人类系统与其他自然系统相会的界面。”（Environmental history is more precisely defined as the study, through historical time, of the interface where specifically human systems meet with other natural systems.）其他自然系统指气候、地形、岩石、土壤、水、植被、动物和微生物。这些系统生产、制造能量及可供人类开发的资源，并重新利用废物。[②]

澳大利亚学者多佛斯（Stephen Dovers）认为，沃斯特指出的三大团问题确实把环境史的范畴涵盖得很好，然而，作为操作的定义（operational definition）则有所不足。于是，多佛斯提出两个操作的定义。其一，比较简单地说，环境史尝试解释我们如何达到今日的地步？我们现在生活的环境为什么是这个样子？其二，比较正式地说，环境史探讨并描述生物物理环境（biophysical environment）过去的状态，探讨人类对于非人类（non-human）环境的影响，及其间之关系。环境史尝试解释各种地景（landscapes），以及今日所面临的问题，及其演化与动态，从而阐明未来的问

---

①　Donald Worster, "Doing Environmental History," in Donald Worster(ed.), *The Ends of the Earth: Perspectives on Modern Environmental History* (Cambridge and New York: Cambridge University Press, 1988), p.293.

②　Mark Elvin, "Introduction," in Mark Elvin and Liu Ts'ui-jung (eds.), *Sediments of Time: Environment and Society in Chinese History* (Cambridge and New York: Cambridge University Press, 1998), p.5.

题与机会所在。他也指出，做环境史研究有两个基本的理由：一是有好故事可说，二是了解我们如何达到今日的地步有助于更加了解我们自己。从实用的角度来说，环境史对于解决今日的环境问题会有帮助。[①]

沃斯特与伊懋可都强调，环境史使历史学成为比从前更为困难的一门学问。为了解人类与自然环境之间的互动，历史学者必须尝试学习自然科学并掌握超出传统历史训练的相关知识。历史学者需要有系统地结合社会科学与自然科学以便致力于研究环境史。[②] 换言之，环境史必须采取跨领域（interdisciplinary）的研究途径。面临着广袤而重要的工作，多佛斯提醒参与环境史研究的不同领域学者，必须要谦虚与容忍。[③] 由于涵盖层面广大，环境史很可能成为领导跨领域研究的实验室。[④]

在 2002 年，澳大利亚学者巴顿（Gregory Allen Barton）从全球角度探讨环境问题的起源。巴顿以 19 世纪以来，大英帝国在印度、非洲、澳大利亚、加拿大、美国和世界其他地方的森林为焦点，讨论环境主义（environmentalism）永远进入了政治信条的殿堂。巴顿认为沃斯特值得受到称赞，是因为他把环境史与科学、植物学、经济学以及帝国

---

① Stephen Dovers（ed.）, *Australian Environmental History* (Oxford: Oxford University Press, 1994), pp. 3 - 4.
② Mark Elvin, "Introduction," in Mark Elvin and Liu Ts'ui-jung (eds.), *Sediments of Time: Environment and Society in Chinese History*, p. 7.
③ Stephen Dovers（ed.）, *Australian Environmental History*, p. 6.
④ Eric Pawson and Stephen Dovers, "Environmental History and the Challenges of Interdisciplinary: An Antipodean Perspective," *Environment and History*, 9 (2003), pp. 53 - 75.

主义等多层面的观点相结合。帝国主义与环境主义分享共同的过去，而这是学者们不能掩饰的。巴顿也指出，英国史学者葛罗夫（Richard Grove）在《绿色帝国主义》（*Green Imperialism*，1995）中，也试着解释环境主义的起源。葛罗夫正确地认定环境理念兴起于专业科学家探讨欧洲帝国边缘地区的殖民地。葛罗夫也断言气候理论受到注意是基于在热带岛屿的经验。但是由森林砍伐所导致的气候变迁，理论来源种类繁多。葛罗夫尤其忽略了分析美国和欧洲森林砍伐的结果。就在气候理论开始影响立法时，葛罗夫才停止他的探索。巴顿认为，如果环境主义与帝国主义有共同的过去，问题还是在于帝国的森林。在分别陈述了印度、非洲、新西兰、澳大利亚、加拿大以及其他地方的帝国森林之后，巴顿也分析了帝国森林与美国环境主义的关系。巴顿在结论中指出，环境主义在未来的作用可能要依赖全球各地的社会是否有意愿执行西方对于国家与私人财产的观念，并以有效的治安权来执行环境法律。非洲几乎完全崩溃的公园体系和印度的公园森林破坏可能导致环境的灾难。也许对自然的实用主义做法最适于用来平衡浪漫的环境主义者、原住民族群、农人、工业与城市社会之间互相冲突的争议。固然，基于过度理性化的官僚主义现代性可以压倒个人和社群，倾覆国家利益与地方精英之间的平衡。即使如此，必须给予肯定的是，现代欧洲文明，包括帝国主义，在世界大部分地方由于工业革命而终止了马尔萨斯周期，于是产生了一个正在解救人类的环境革命。讽刺的

是，这个绿色革命，由帝国主义而生，因附加于民主革命运动而广受欢迎。有趣的是，环境主义注入了"最大的好处给最多的人"（The greatest good for the greatest number.），现在已增加成为"在最长时间中把最大的好处给最多的人"（The greatest good for the greatest number for the longest time.）。全球的消费者社会如何面对这个环境的挑战，仍尚待观察。[①]

在2007年出版的一本讨论历史学家与自然的书中，勒库尔（Ursula Lehmkuhl）与威伦勒塞（Hermann Wellenreuther）指出，环境史借着展开新的途径和观点来克服仍然存在于历史论述中的国家主义的方法难题，从而超越了传统的国家历史。环境史也批判地反映了历史学与人文学中的"文化转折"（cultural turn）观点，进而探索新的文化取径如何充实我们对自然与文化互动的认识。借着强调空间与地方作为历史发展的决定因素，环境与后殖民研究提供了历史研究中的观念转移，以认识人类之外的相关因素，诸如栖地和气候，以解释文化多样性的发展。在环境史中发展出次领域的一个主要作用，是实现了时间和相应焦点的互相交织。环境史学者尝试从微观层面来了解大规模历史发展的社会空间。[②]

[①] Gregory Allen Barton, *Empire Forestry and the Origins of Environmentalism*, (Cambridge: Cambridge University Press, 2002), p. 1, 6, 26, 166.

[②] Ursula Lehmkuhl and Hermann Wellenreuther (eds.), *Historians and Nature: Comparative Approaches to Environmental History* (Oxford and New York: Berg, 2007), p. 1, 27.

二、 环境史作为一个研究领域

自从 1970 年代以来，环境史逐渐形成一个研究领域。至于更早的渊源也有学者加以追溯。在此可举三个例子。美国学者克罗斯比（Alfred W. Crosby）认为，美国环境史或可上溯至 1926 年出版的有关地力枯竭的书[①]、1931 年出版的关于边疆的书[②]，以及 1947 年出版的有关北美草原的书[③]，但那时历史学界或大众都尚未感到需要做环境史。在 20 世纪上半叶，考古学、生态学与地理学的研究开始影响历史学家。人类登陆月球对环境史也是一个刺激，而 1960 年代以来的环境主义运动成为驱策环境史的动力。到了 70 年代，美国开始订定环境相关的法规，同时，环境史也成为一门学科。[④]

另一位美国学者奥康纳（James O'Connor）认为，就西方资本主义发展的观点来看，近代西方史学的发展从政治、法制与宪法史开始，到 19 世纪中叶至末叶转向经济史，到 20 世纪中叶转向社会史与文化史，到 20 世纪末叶累积而成为环境史。这种发展与资本主义发展的推移密切相关。环

---

① Avery Odell Craven, *Soil Exhaustion as a Factor in the Agricultural History of Virginia and Maryland, 1600 - 1860* (University of South Carolina Press, 2006).

② Walter Prescott Webb, *Great Frontier* (Boston: Houghton Mifflin Company, 1952).

③ James C. Malin, *The Grassland of North America: Prolegomena to Its History* (Lawrence, Kan.: Printed by the Author, 1947).

④ Alfred W. Crosby, "The Past and Present of Environmental History," *American Historical Review*, 100. 4 (October 1995), pp. 1177 - 1189.

境史是资本主义时代历史书写的极致，或更谦虚地说，是其缺失的一环。[①]

澳大利亚环境史学者葛洛夫（Richard H. Grove）指出，直到1970年代，环境史一词其实是地质学家和考古学家在讨论第四纪和史前人类与环境互动时习用的名词。新的环境史学主要是受到当代全球环境危机的刺激。但他强调，对环境问题的敏感并不是20世纪的创见。他指出，自19世纪中叶以来历史地理学家就一直探讨环境问题，在1956年出版的论文集，题为《人类改变地球面貌所扮演的角色》[②]，代表了历史地理研究的一个高潮。此外，1967年地理学家葛拉肯（Clarence Glacken）以罗得岛为主题，探讨西方自古代至18世纪有关自然与文化的思想[③]，堪称至今最有深度的一本环境史著作，而其影响也开始得到历史学家的肯定。葛洛夫把环境史的早期演化上溯至20世纪初期对于全球干旱（global desiccation）理论的探讨，生态学的出现，利用航空照片研究土地利用以及第二次世界大战的影响。至于环境史作为一门跨领域的研究，则可溯自1955年出版的霍金斯所著《英国地貌的形成》[④]，本

① James O'Connor, "What is Environmental History? Why Environmental History?" *Capitalism, Nature, Society*, 8.2 (June 1997), pp. 3 – 27.

② W. L. Thomas(ed.), *Man's Role in Changing the Face of the Earth* (Chicago: Chicago University Press).

③ Clarence Glacken, *Traces on the Rhodian Shore: Nature and Culture in Western Thought, from Ancient Times to the End of the Eighteenth Century* (Berkeley: University of California Press).

④ W. G. Hoskins, *The Making of the English Landscape* (The University of Leicester Press).

书对于后来研究英国地方史和森林史有深刻的影响，甚至成为霍金斯学派（Hoskins School）；这个学派也成为许多地区环境史的主要根源，尤其是在澳大利亚。此外，必须注意的是，在后殖民时代早期，环境史研究主要限于英国、法国、美国、澳大利亚、南亚和东非等地区，而在1975年以前主要是限于英国和澳大利亚。当然，在法国另有其学术传统——年鉴学派——的传承和影响，至少可上溯至1920年代。葛洛夫特别指出环境史在澳大利亚的特点，有别于以美国为中心的环境史研究，值得半干旱及热带地区环境史研究借镜，也有助于做环境史的比较研究。[1]

另外，勒库尔（Ursula Lehmkuhl）在2007年讨论历史学者与自然的书中指出，环境史不但超越传统史学打开了新视野来克服国家主义的方法论，也批判地反思历史学与人文学中的文化转折（cultural turn），探讨新的文化取径如何充实我们对自然与文化互动的了解。借着强调空间与地方作为历史发展的决定因素，环境史伴同后殖民地研究在历史研究中提供了观念转移，体认了人类以外的其他因素，诸如栖地与气候，以解释文化发展的多样性。勒库尔也指出，一方面，环境史学者展示在任一时间内自然与环境如何限制采取行动的选择；另一方面，历史学者把人类如何努力、试图想象并控制和驯化自然的决定性力量带到显著

---

[1] Richard H. Grove, "Environmental History," in Peter Burke (ed.), *New Perspectives on Historical Writing* (Cambridge: Polity, 2001), pp. 261 - 282.

的地位。他们研究的优势之一是了解这些相反的力量如何造成特定的效果及其原因。环境史探索的人类、自然与环境在空间和时间上互赖的关系，在过去一百年发生了三次主要的典范转移（paradigm shifts）。第一次典范转移发生在19世纪下半叶至20世纪初，是人文学中由不同的过程所引进的空间的历史化（historicization of space）。在欧洲和美国，地理学和历史学原本是两个分开的学门，在19世纪末借着人文地理学的发展和一些突破性的研究，地理学和历史学出现紧密关联。第二次典范转移是透过生态学接受了科学中的相对论、量子论或热力学，环境史学者发现了时间、空间与自然的"新"观念。在人文学和社会科学中，这个空间的"现代"观念只有在大约二十年前，与空间转折（spatial turn）一起发生。在1970年代，因环境挑战与全球化之间的辩论增强而带来了第三次典范转移。全球化的效果强调在20世纪初展现的理论和哲学的洞察。全世界的人类都认识到"自然"与"社会"的二分是不存在的，而"自然"与"人为"间的划分则由不同的概念所取代，考虑了事实上自然必须被视为历史的产物，当然是受制于本身就是历史产物的自然法则。环境史发展成为历史学的一个分支显示，历史学者必须面对的问题是时间性本身，环境史也不例外。要说新故事或说旧故事的意愿说明了时间本身具有透视性。较诸其他的历史学分支，空间与时间成为环境史学者探索的内容、问题和领域。空间的偏向在

比较观点上更加明显。①

2010 年，著名的世界环境史家约翰·麦克尼尔（John R. McNeill）为文陈述环境史领域的现况。该文的焦点放在专业历史学家上，但因环境史也有许多其他学科的学者参与探讨，所以有时也涉及考古学、地理学及其他学门。该文提出了一个环境史的通用定义以及陈述在 1970 年代至 2010 年间环境史之源起、发展与制度化。该文回顾世界上一些地区的文献，但重点放在目前环境史研究特别活跃的南亚和南美。该文也检视环境史对历史学者的效用，描述一些对环境史的批评，以及评论近年来有意义的发现。约翰·麦克尼尔指出，环境史已成为历史学的一个分支领域，也正如其他分支领域一样，学者对其定义各有不同的看法。他个人倾向于把环境史界定为："人类社会及其赖以生存的其他自然间的关系之历史。"（The history of the relationship between human societies and the rest of nature on which they depended.）他强调，环境史是跨领域的计划（interdisciplinary project），环境史有无数纠缠的根源。他也指出，在过去的 30—35 年间，环境史已变成一个成长最快的历史学分支。虽然有许多历史学者被训练来做个人的研究，因而对跨领域研究感到不舒适；但环境考古学家却迈

---

① Ursula Lehmkuhl, "Introduction," and "Historicizing Nature: Time and Space in German and American Environmental History," in Ursula Lehmkuhl and Hermann Wellenreuther（eds.）, *Historians and Nature: Comparative Approaches to Environmental History*（Oxford and New York: Berg, 2007）, pp. 1 - 17, 18 - 39.

步前进，把环境史研究和考古学、生态学、植物学、气候学等等学科的数据与观点综合起来，同时提出具有实际意义的问题，推进知识的前沿。约翰·麦克尼尔也指出六项未来的问题：（1）近代中东和俄罗斯是目前环境史文献最少涉及的两个地理区域，每一个区域都提供给具备语言和技巧之学者极大的机会。（2）在目前，环境史学者的作品带着极强的陆地的偏见，更多关于海洋的研究将受到欢迎。（3）美洲的大规模奴隶农场的环境史还很少被探讨；除了这个课题之外，历史学者对于奴隶的研究几乎已采用了每一个想象得到的取径。（4）东亚地区自1960年代以来的工业化是近代时期最大的生态转型，但尚未引起许多环境史研究的注意。（5）虽然有些作者已经对资本主义和共产主义形塑环境史扮演的角色进行了全面性的陈述，但还有一个可行的自然的实验可以做：朝鲜半岛于二战后分为韩国和朝鲜，还有冷战期间的民主德国和联邦德国，都可供做比较研究，可能启发我们了解共产主义和资本主义对环境史的意义。（6）迁移和移民的环境史研究仍很少被探究。当人们从一个地方迁移到另一个地方之后，人们如何改变他们的观念和做法呢？[1]

美国历史学会西部分会的期刊 *Pacific Historical Review*，1972年8月出版了一本环境史的专刊。在1974年

[1] John. R. McNeill, "The State of the Field of Environmental History," *Annual Review of Environment and Resources*, Vol. 35: 345-374 (November 2010), http://www. annualreviews. org/doi/full/10. 1146/annurev-environ-040609-105431#, accessed 2014/10/01.

5—6 月，法国年鉴学派的期刊 *Annales: Economie, société, civilisations* 也有一期环境史的专刊。目前，环境史已有两份重要的学术期刊：一份是在美国出版的 *Environmental History*，由美国环境史学会与森林史学会出版，在 1976 年创刊时原称为 *Environmental Review*，于 1990 年改名为 *Environmental History Review*，又于 1996 年改为今名，并重新自第一卷开始；另一份是在英国出版的 *Environment and History*，于 1995 年创刊，强调人文科学与生物科学的跨领域研究。此外，近年也有两部重要的工具书出版：一部是《美国环境史指南》[①]，另一部是三巨册的《世界环境史百科全书》[②]。这些期刊和工具书的出版意味着环境史已是相当成熟的学术领域，虽然各国环境史研究的程度仍颇有差距。

至于环境史研究的学术组织，最早的是在 1946 年成立的森林史学会（The Forest History Society, FHS），后来有 1977 年成立的美国环境史学会（American Society for Environmental History, ASEH)和澳大利亚与新西兰环境史网络（Australian & New Zealand Environment History Network)，接着有 1999 年成立的欧洲环境史学会（European Society for Environmental History, ESEH）和国际水资源学会（International Water History Association, IWHA）。进入 21 世纪，国际环境史学组织联合会（The International

---

① Carolyn Merchant, *The Columbia Guide to American Environmental History*, New York: Columbia University Press, 2002.

② Stephen Krech, III, J. R. McNeill, and Carolyn Merchant (eds.), *Encyclopedia of World Environmental History*, New York: Routledge, 2004.

Consortium of Environmental History Organization, ICEHO)
于 2009 年成立，目前已有 30 个参与的学术组织。东亚环境
史学会（Association for East Asian Environmental History,
AEAEH）成立于 2010 年，目前已约有 450 位个人会员。这
些学会定期举办的学术会议也都有助于推进环境史研究和
交流。

三、 中国环境史研究之近况

以下，将略为介绍近年来中外学者对中国环境史的研
究成果。在研究中国环境史的外国学者中，最重要的先驱
学者当推伊懋可。前面已经提到他在 1990 年发表了第一篇
针对中国环境史研究而提出的构想。在那篇论文中，伊懋
可首先指出科学技术对于环境史的重要性。以技术为中心，
进而从气候、地貌、海洋、植物、动物等各方面的脉络探
讨环境变化的形态。他也指出，可从宗教、哲学、艺术与
科学角度来认识自然。他认为，在短期内从事中国环境史
研究要面临的问题是，认定一些可以在适度范围内完成的
任务，从而可以引导我们走上途径正确的研究课题。在这
些课题中，最具有潜力的可能是各种不同的社会焦点
（social foci），社会如何依此做出影响环境的决策，及其造
成的回馈机制。用比较不抽象的话来说，这些社会焦点是
指各种制度，诸如官僚体系、封建采邑、部落、村落、家

庭、有限公司、集体组织等等。此外，他也指出，从经济史的角度来看，环境史研究可以注意五个主题：（1）资源边疆（resource frontiers），也就是探讨在时间过程中哪些地区的土地、木材和其他生产因素相对丰富；（2）水利系统的各种技术与生态；（3）森林、木材贸易与使用木材的技术；（4）大型驮兽的历史；（5）中国的居住环境（built environment）。① 在 1993 年，伊懋可又发表一篇论文，讨论三千年来中国经历了不持续的成长。这篇论文除进一步阐明与环境史相关的观念外，指出对中国环境造成冲击的主因，在早期是追求国家的政治和军事力量，在后期则是人口的压力。这篇论文也详述了中国森林消失的过程，以及分析水利系统过度发展，以至于形成技术与环境互动被锁住（lock-in）的现象。② 十几年来，伊懋可发表了不少关于中国环境史的论文，这些论文大部分在 2004 年以《大象的退却》为题结集成一本巨著。③

在 1993 年 12 月 13—18 日，有十几位从事中国环境史研究的学者出席由伊懋可和我共同主办、在香港举行的中国生态环境历史学术讨论会。参与这次讨论会的学者大多

① Mark Elvin, "The Environmental History of China: An Agenda of Ideas," *Asian Studies Review*, 14.2(1990), pp.39–53.
② Mark Elvin, "Three Thousand Years of Unsustainable Growth: China's Environment from Archaic Times to the Present," *East Asian History*, 6 (December 1993), pp.7–46.
③ Mark Elvin, *The Retreat of Elephants: An Environmental History of China* (New Haven and London: Yale University Press, 2004), 564 pages. 中文版见伊懋可，《大象的退却：一部中国环境史》（梅雪芹、毛利霞、王玉山译，南京：江苏人民出版社，2014）。

数是历史学者，但在讨论会中，不同学科的学者，包括历史学者、考古学者、植物学者、经济学者、森林学者、地理学者、水文学者、微生物学者一起讨论，交换意见，跨领域的对话相当融洽。会后，论文经过修改，以中文和英文分别出版论文集：中文本《积渐所至：中国环境史论文集》于 1995 年由"中央研究院"经济研究所出版，收录论文 24 篇；英文本 *Sediments of Time*：*Environment and Society in Chinese History* 于 1998 年由剑桥大学出版社出版，收录论文 21 篇。中英文本所收录的论文大致相同，但其中有四篇只出现于中文版，有两篇只出现于英文版。无论如何，这可能是中国环境史的第一部论文集，涵盖的主题范围相当广。除了有两篇论文把中国环境史放在亚洲和世界的角度来观察外，其他论文探讨的问题涉及自然环境的变化、人类聚落的变化、边疆的开发、水环境、气候变化、疾病与环境、官员对环境的看法、文学作品中呈现的环境观、民间对环境的观感以及中国台湾和日本的近代经济发展与环境变迁。

在参与 1993 年讨论会的学者中，近年有环境史专书出版的一位是美国的马立博（Robert B. Marks）。他在 1998 年出版了探讨岭南地区环境史的书，追溯自汉朝至清朝岭南地区的开发，涉及聚落与生态环境的变化、人口的增加、气候变化与农业生产、粮食贸易、仓储制度与粮食供应系统、稻米市场整合对环境的影响、人口压力促使桑园围的

发展以及山地的进一步开垦造成老虎的消失。[1] 在 2002 年，马立博出版另一本书，从全球与生态叙述的角度来探讨近代世界经济的兴起及其环境效应，他认为欧洲的科学并未导致工业革命。[2]

参与 1993 年讨论会的其他学者还有日本的斯波义信，法国的魏丕信（Piere-Etienne Will）、蓝克利（Christian Lamouroux），荷兰的费每尔（Edward Vermeer），美国的安·奥思本（Anne Osborne），澳大利亚的费克光（Carney T. Fisher）和安东篱（Antonia Finnane），以及中国香港的程恺礼（Kerrie MacPherson）。他们之中有好几位在中国社会经济史方面已卓然有成，而他们关于中国环境史的著作也都值得参考，在此就不一一介绍。[3]

要特别一提的是，著名的世界环境史学家约翰·麦克尼尔虽然没有出席 1993 年的讨论会，却为论文集写了一篇论文，由世界的角度透视中国环境史。麦克尼尔认为中国的特殊之处大多数是由于它的地理禀赋和国家的弹性。中国的水系作为整合广大而丰饶的土地之设计，世界上没有一个内陆水系可与之匹敌。借着这个水系，自宋代以来的中国政府在大部分时间都能控制巨大而多样的生态地带，

---

[1] Robert B. Marks, *Tigers, Rice, Silk, and Silt: Environment and Economy in Late Imperial China* (Cambridge and New York: Cambridge University Press, 1998), 383 pages.

[2] Robert B. Marks, *The Origins of the Modern World: A Global and Ecological Narrative* (Lanham, Md.: Rowman & Littlefield Publishers, Inc., 2002), 173 pages.

[3] 可参见刘翠溶、伊懋可（主编），《积渐所至：中国环境史论文集》（台北："中央研究院"经济研究所，1995）。

整备一系列有用的自然资源。此外，中国也可能是世界上对于传染病最有经验的国家。中国的农业景观是高度人为的景观，非常依赖人口和政治的稳定，并且非常容易因疏失而被破坏。在每次被破坏之后，大多可以及时修复，因而显示出强烈的循环。此外，麦克尼尔从信仰的力量、森林的命运、水的操纵与生态的持久性四方面，来说明中国与世界上其他社会的相似之处。他认为在其他地方的环境史学者所采用的研究途径可能有助于研究中国的问题。他指出八个尚待探讨的问题，包括：（1）火在生态变化上所扮演的角色；（2）水生环境的变化；（3）生物入侵对环境的影响；（4）边疆地区的转变；（5）战争和政治暴力所导致的环境变迁；（6）出口贸易对环境的影响；（7）历史上空气污染的情形；（8）人口与环境的关系。[1]

除上述的研讨会外，我曾于 2002 年 11 月在"中央研究院"台湾史研究所筹备处举办了一次环境史研讨会。在这次研讨会发表的论文有 21 篇，其中 6 篇关于中国大陆，15 篇关于台湾地区。这 21 篇论文分属于九个主题：（1）水文环境的变化；（2）工业发展与环境；（3）环境变迁之回顾；（4）图像数据之运用；（5）土地利用与环境变迁；（6）族群与环境；（7）疾病与环境；（8）灾害与重建；

---

[1] 约翰·麦克尼尔，《由世界透视中国环境史》，收入刘翠溶、伊懋可（主编），《积渐所至：中国环境史论文集》，页 39—66。J. R. McNeill, "China's Environmental History in World Perspective," in Mark Elvin and Liu Ts'ui-jung (eds.), *Sediments of Time*, pp. 31 – 49.

（9）生态研究与政策。论文发表人和评论人来自不同的领域，包括历史学、地理学、经济学、社会学、地球科学、大气科学、地质学、公共卫生及环境政策。与 1993 年的讨论会不同的是，出席这次研讨会的人不限于论文撰稿人和评论人，而是开放给各大学的教授和研究生，大家相当投入于不同领域间的对话。不过，这次研讨会的论文并未结集出版，而是由论文发表者自行投稿到不同的期刊。在 2005 年，南开大学的王利华召开了"中国历史上的环境与社会国际学术研讨会"，会后有 28 篇论文收入王利华主编的《中国历史上的环境与社会》①，这些论文分别纳入五部分：（1）环境史研究的理论与方法；（2）经济活动与环境变迁；（3）水利·国家·社会·民生；（4）灾害、疾病与生态环境；（5）山林薮泽·野生动物。在 2006 年，我在"中央研究院"召集了另一次环境史研讨会，在会中发表的论文有 34 篇，其中 21 篇会后收入刘翠溶主编的《自然与人为互动：环境史研究的视角》②，这些论文涉及四个主题：气候与环境、人与环境、疾病与环境、环境政策。以上这些环境史研讨会是在 2010 年东亚环境史学会（AEAEH）成立前召开的。在东亚环境史学会成立后，已在 2011 年（"中央研究院"）、2013 年（东华大学）、2015 年（日本青山大学）举办过三次国际学术研讨会，第四次于 2017 年 10 月在

---

① 北京：生活·读书·新知三联书店，2007 年。
② 台北："中央研究院"与联经出版公司，2008 年。

天津南开大学举行。活动可参见学会的网页①。

　　在研究中国环境史的年轻一辈外国学者中，穆盛博
（Micah Muscolino）于 2009 年发表的论文讨论近代中国环境
史的全球维度。他指出，在过去十年，中国环境史才变成
一个广阔的分支领域。很显然，当前对于今日中国环境恶
化情况的关注有助于中国环境史注意到中国过去的自然世
界的改变。当历史学者思考过去的人类与环境之间的互动
时，全球视野也同样重要。地球环境生态系统的互相连接
使得环境史学者不可能把探索局限在单一的国家或社会。
因此，除了追溯地方与区域规模的环境变迁之外，历史学
者必须保持与跨国的和全球的生态进程相契合，而那些进
程是超越人为创造的政治边界的。当然，环境史未必需要
常常从全球的或跨国的视角来书写，地方和地区的研究是
必需的——用来弄清楚在不同的地方和时间到底发生了什
么，并避免把生态的冲击过度地加以概论。尽管如此，要
衡量特定的环境现象之意义要求历史学者需转向更大的分
析规模，并把这些现象放在一幅"大图"（big picture）之
中，甚至从他们聚焦于单一的地方或地区开始，环境史
学者常常会发现他们所探讨的研究课题与全世界的生态
趋势互相交叉。穆盛博在结论中指出，当前中国面临的
环境危机是不可否认的，但是这些挑战并不只属于中国。
在很大程度上，这些问题必须从中国遭遇全球环境趋势

―――――――――

① http://www.aeaeh.org/.

的视角来看。此外，把中国近代环境史放在全球的背景下来看，也突显了它的独特之处。自 1978 年以来，中国对全球经济开放，而其以市场立基、外销导向的经济成长也加剧了它的环境弊病。最后，中国的环境被联结到当代主要的环境问题——气候变迁。不论碳排放源自何处，整个世界必须分担冰川融化与气候形态改变的冲击。今日更甚于过去，中国的环境是与更广大的世界绑住的。①

　　另一位研究中国环境史的年轻一辈外国学者濮德培（Peter Perdue），在 2014 年讨论中国环境史研究的现状及趋势。他指出，由于环境史揭示了各个尺度下自然变迁的过程，也开始挑战民族国家的疆界以及传统历史学家对历史时期的分期。中国可为展示环境分析的作用方面提供一个极好的舞台，因为它有着悠久的文献记录和广袤的面积，以及重视对土地和水等重要资源进行管理的官僚传统。当代中国环境史的研究既要依靠这些文化遗产，也需要在此基础上有所发展和超越。他认为，历史学家不一定非要提供许多新的理论范式，但要展示与跨国历史研究的学者相似的具体的研究方法，包括研究多种来源的档案、谨慎使用来自不同地区的文字和数字数据。跨国历史研究的学者无论是否讨论环境，皆为当今众所周知的全球化范式的诉

---

① Micah Muscolino, "Global Dimensions of Modern China's Environmental History," *World History Connected*, Vol. 6, No. 1 (March 2009), http://worldhistoryconnected. press. illinois. edu/6. 1/muscolino. html, accessed 2014/09/30.

求提供了许多有价值的新想法，意欲拓宽视野的环境史学家可以向他们学习。[①]

至于中国学者的研究，在此不可能对中国环境史现有的研究成果做一个通盘的考察，但必须指出，在二十几年前伊懋可曾就中国环境史研究的情况略做评述，他提到了史念海、谭其骧、陈桥驿、袁清林等人的著作。[②] 在 2004 年，*Environment and History* 刊出北京大学包茂红介绍中国环境史的论文，他相当详细地列举了中国学者的著作，并指出中国环境史研究现存的四个问题：理论基础薄弱、缺少生态与环境科学的知识、当代环境史的研究尚待加强以及与其他国家的学术交流亟须加强。[③] 同年，厦门大学钞晓鸿也出版《生态环境与明清社会经济》一书，用了相当的篇幅讨论近年中国大陆生态环境史的研究及尚待加强之处。[④] 在 2010 年，复旦大学韩昭庆出版《荒漠、水系、三角洲：中国环境史的区域研究》一书，分别选取西北的毛乌素沙地和青海省、西南的贵州省、中部的淮北平原以及东部的黄河三角洲和长江口作为研究对象，内容各有侧重。其中研究毛乌素沙地讨论人类垦殖活动与沙地的关系，研

[①] 濮德培，《中国环境史研究现状及趋势》，《江汉论坛》2014 年第 5 期，页 38—40。
[②] 伊懋可，《导论》，收入刘翠溶、伊懋可（主编），《积渐所至：中国环境史论文集》，页 17—21。Mark Elvin, "Introduction," in Mark Elvin and Liu Ts'ui-jung（eds.）, *Sediments of Time: Environmental and Society in Chinese History*, pp. 14–18.
[③] Bao Maohong, "Environmental History in China," *Environment and History*, 10 (2004), pp. 475–499.
[④] 钞晓鸿，《生态环境与明清社会经济》（合肥：黄山书社，2004），页 1—54。

究贵州石漠化地区着重人文因素中的政策制度，研究黄河三角洲着重复原自然变迁的过程及模式，研究青海及黄河下游变迁的影响则关注人与自然环境之间相互作用的关系。在余论部分介绍了欧美环境史的研究动态、中国环境史研究现状，并探讨了历史地理学与中国环境史研究的关系。①

2012 年，包茂红把他近年的研究结集成《环境史学的起源和发展》一书，分上下两编。上编是研究编，介绍环境史学与环境史学史、美国环境史、拉丁美洲环境史、英国环境史、非洲环境史、印度环境史、东南亚环境史、澳大利亚环境史、中国环境史、日本环境史、国际环境史研究的新动向；下编是访谈和评论编，访谈的各国环境史家包括唐纳德·沃斯特、马丁·麦乐西、约翰·麦克尼尔、何塞·奥古斯特·帕杜阿、伊恩·西蒙斯、菲奥纳·沃森、热纳维耶夫、马萨-吉波、约克希姆·拉德卡、彼得·布姆加德、伊懋可。包茂红指出，在未来发展中，环境史学需要处理好以下四对关系。第一，在环境史学的定位中必须保持作为史学的一个分支学科和多学科的研究领域之平衡。第二，环境史研究必须平衡选题之小与大的关系。宏观的、长时段的研究与专题研究和个案研究并不完全冲突，宏观研究甚至可以以专题研究的形式来进行，专题研究也应该具有宏观的视野。第三，环境史研究需要把握悲观与乐观的平衡。这两者之间的平衡是环境史学走向成熟的标志之

① 韩昭庆，《荒漠、水系、三角洲：中国环境史的区域研究》（上海：上海科学技术文献出版社，2010），326 页。

一，也是它能够持续吸引读者和继续走向辉煌的基本保障。
第四，环境史学在强调纯学术性的同时需要加强其应用性。
学术性和应用性之间必须保持适当的平衡，日本部分环境
史学家用学术研究为政治服务而产生了许多非学术性的问
题，这个教训值得记取。①

　　南开大学的王利华在 2012 年出版了《徘徊在人与自然
之间：中国生态环境史探索》一书，收入 33 篇论文，分为
三大部分：学理求索、专题探讨、学术评述。② 在 2013 年，
王利华出版《人竹共生的环境与文明》一书，这本书讨论
自古以来竹林深刻影响了中华民族的物质生活和精神世界。
第一章讨论中国竹林及其古今变迁。详述了竹子的形态和
特性、当代竹林的区划、古今竹林的变迁以及古代竹林的
培育和养护。第二章评介古代的三种竹谱：南朝刘宋时期
戴凯之《竹谱》、北宋初期僧人赞宁《笋谱》和元代李衎
《竹谱详录》。详细讨论了这三种竹谱记载的竹子种类和利
用情形。第三章从四个方面讨论中国饮食文化中的竹子：
食笋风气与竹笋采掘加工，竹实现象与饥荒中的竹米，竹
叶在食物饮料中的妙用，竹筒饭、竹箸和锯竹取火。第四
章讨论古代竹制兵器和植竹为城。在兵器方面，述说竹弓
弩和竹箭矢、竹矛、竹刀和竹枪；在竹城方面，讨论其军
事上的妙用。第五章讨论竹筒利用与南方山区水利，介绍

①　包茂红，《环境史学的起源和发展》（北京：北京大学出版社，2012），
432 页。
②　王利华，《徘徊在人与自然之间：中国生态环境史探索》（天津：天津古籍出
版社，2012），510 页。

两种特殊的水利工具：连筒和筒车。连筒是在南方山区远程引水的设施，可能在唐朝中期以后就已出现。筒车是重要的灌溉工具，依其形制和使用的动力而有水转筒车、驴转筒车、高转筒车和水转高车等多种，是唐宋以来南方丘陵山区不可或缺的灌溉工具。这些工具展现了山区农业生产需求、资源条件与生态环境间的有机结合。第六章讨论竹子与南方人居环境变迁。从文献中爬梳了许多资料，展示在乡间的比闾竹屋，城市的竹楼，火灾造成竹屋的消逝，以及在庭院中种竹的文人雅居。第七章讨论古代交通史上的竹材利用。涉及的交通工具包括篮舆、簰筏和竹船、竹索与浮桥、笮桥和溜索。由于坚劲、强韧、耐腐等特性，竹子自古就成为人们制作交通工具的重要材料，也让我们看到，在特定的生态环境下，人类对自然资源的巧妙利用。第八章讨论竹林资源与书写材料的演变。从"刻竹记事"和"剖竹书简"到造纸原料的变化和竹纸源起，再到竹纸业发展及其自然基础，这一章呈现了数千年来，竹子对中国信息传播和文明传承的贡献。第九章探索竹之声响世界，包括自然的声响和人为的声响。这一章从"听竹"中展现了文人的雅趣和审美意象，并详述竹乐器的源流、形制和功能。第十章从竹的人化与神化的角度来讨论人与自然的交互诠释。讨论的主题包括：君子比德于竹、竹子与魏晋名士风流、全德君子形象的建构、竹为师友和身与竹化、竹灵信仰和图腾崇拜——这些主题充分显示了竹子在精神生活方面的作用和意义。在结语中，王利华强调，竹子逐

渐融入中国文明系统，最终深入到传统精神文明的核心，与中华民族的生息、活动空间的变化，具有相伴随行的紧密关系。[①] 在 2014 年，王利华发表《中国环境史：从中华民族生命历程中认识人与自然关系》一文，他指出："中国环境史要想建立一套学理圆融的架构，须具有明确的学科定位，并满足以下三个条件：其一，核心命题兼具重大学术意义和现实意义；其二，具有不同于以往史学研究的新型范式，可为认识中国历史提供新的途径和视野，并促进史学体系的更新、变革；其三，研究视角、问题集丛、思想理论和技术方法自成体系，而非对其他相关学科研究的简单组合甚至重复。"他也指出，作为一种新的历史解说体系，中国环境史研究应从中华民族的生命历程中认识和把握人与自然关系的历史变化。中国环境史研究不仅是开拓一批新颖的课题，更重要的是突出生命关怀，结合生态环境，对中华民族生命历程进行历史思考，从而获得对人与自然关系的深度认识。这既是对传统命题的继承，也是对历史科学的拓展、深化和提升。[②]

在 2016 年，钞晓鸿把厦门大学人文学院于 2012 年 11 月举办的"环境史研究高层论坛"国际学术研讨会中发表的论文结集成册，题为《环境史研究的理论与实践》，收入

---

① 王利华，《人竹共生的环境与文明》（北京：生活·读书·新知三联书店，2013），415 页。
② 王利华，《中国环境史：从中华民族生命历程中认识人与自然关系》，《中国社会科学报》第 154 期，http://blog. sina. com. cn/s/blog _ 634131a40100o0o2.html，查询日期：2014/09/30。

与会学者的论文共 13 篇，分为三大主题：研究理论与走向、研究方法与史料、研究实践与意义。[①]

值得注意的是，日本学者村松弘一在 2016 年出版《中国古代環境史の研究》一书，探讨秦汉至魏晋时期的环境史。全书分为四部。第一部探讨秦汉帝国的形成与关中平原，包含第一至五章，分别讨论黄土高原西部的环境与秦文化的形成，秦在关中平原西部的扩大开发，迁都关中平原东部及其开发，中国古代关中平原的都市环境，中国古代关中平原的开发与水利环境。第二部探讨汉代至魏晋时期淮北平原的开发，包含第六至九章，分别讨论中国古代的山林薮泽，魏晋时期淮北平原的开发，以陂和泽的建设讨论汉代淮北平原的开发，以《水经注》为中心探讨魏晋及北魏时期淮北平原陂的建设。第三部探讨水利技术与古代东亚，涉及淮河流域、朝鲜半岛和日本列岛，包含第十至十三章，分别讨论中国古代淮南都市与环境，后汉时期的王景与芍陂，古代东亚的陂池，从坞来看东亚的海文明与水利技术。第四部探讨黄土地带的环境史，包含第十四至十九章，分别讨论秦汉帝国与黄土地带，黄土高原的农业与环境，由黄河断流来看黄河变迁史，由泽来看下游的环境史，由陕西关中三渠来看古代、近代至现代的变化。另外，在附章讨论东亚环境史的研究现况。[②]

---

① 钞晓鸿（主编），《环境史研究的理论与实践》（北京：人民出版社，2016），289 页。
② 村松弘一，《中国古代環境史の研究》，汲古丛书 132（东京：汲古书院，2016 年 2 月），481 页。

四、 尚待深入研究的课题

/

对于有兴趣从事环境史研究的历史学者，我想建议就以下课题再做更深入的研究：

1. 人口与环境：人口是造成环境变化的重要力量之一。移民、生育率和死亡率的变化都可能导致人口的变化。人口因素与环境之间如何互动？在理论方面可参考包雪如（Ester Boserup）的著作。[①] 近年由葛剑雄主编，复旦大学出版社出版了《中国人口史》六卷，其中第五卷的卷末提到了研究中国人口与自然环境的关系。[②] 的确，人口变迁与环境变迁的互动还需要多做更深入的研究。

2. 土地利用与环境变迁：土地利用的习惯与形态、农作制度及森林砍伐反映了一个社会对土地资源的利用。在 1994 年出版的《中国土地利用》一书，总结了中国地理学界在 1980 年代对中国土地利用的研究成果，极具参考价值。[③] 该书第二篇第三章对土地利用的历史与动态变化做了回顾，不过，更详细的区域与地方个案研究将有助于了解环境变迁的问题。近年雷尔登-安德森（James Reardon-Anderson）研究清代在关东与内蒙古的土地利用，赵冈研究林政、垦殖政策、

---

① Ester Boserup, *The Conditions of Agricultural Growth* (London: Allen and Unwin, 1965); *Population and Technological Change* (Chicago: The University of Chicago Press, 1981); "Environment, Population, and Technology in Primitive Societies," in Donald Worster (ed.), *The Ends of the Earth* (Cambridge: Cambridge University Press, 1988), pp. 23 - 38.

② 曹树基，《中国人口史　第五卷：清时期》（上海：复旦大学出版社，2001），页 965。

③ 吴传钧、郭焕成（主编），《中国土地利用》（北京：科学出版社，1994）。

围湖造田等问题，钞晓鸿研究汉中府及陕西南部的环境与社会变迁，赵珍研究清代西北地区的生态变迁，都值得参考。[①]

3. 水环境的变化：用水与人类日常生活及生产活动有密切的关系。水利灌溉一直是中国历史研究的一个重要课题。饮水设施之修建与维护也开始有一些研究出现。[②] 人们如何投入与用水有关的建设，如水库与水坝，以及这些建设对环境的影响如何，都值得更深入的探讨，也可以做比较研究。此外，水体（河川、湖泊、地下水）的变化，也是重要的问题。

4. 气候变化及其影响：气候变化会影响农业生产，也会影响某些疾病的发生。关于气候变化，中国大陆学者已做了不少研究。[③] 关于台湾山区过去五百年的气候变化也有人利用树木年轮来探讨。[④] 气候研究大多不是仅凭历史学的训练所能为之，如何把气候学者的发现运用到历史研究上，则是历史学者需要考虑的，欧洲历史学家的研究成果可供参考。[⑤]

① James Reardon-Anderson, "Land Use and Society in Manchuria and Inner Mongolia during the Qing dynasty," Environmental History, 5. 4 (October 2000), pp. 501－530. 赵冈，《中国历史上生态环境之变迁》（北京：中国环境科学出版社，1996）。钞晓鸿，《生态环境与明清社会经济》，页 55－128。赵珍，《清代西北生态变迁研究》（北京：人民出版社，2005）。

② 例如，刘翠溶、刘士永，《净水之供给与污水之排放——台湾地区聚落环境史研究之一》，《经济论文》20. 2（1992），页 459—504。

③ 例如，李克让（主编），《中国气候变化及其影响》（北京：海洋出版社，1992）；张丕远（主编），《中国历史气候变化》（济南：山东科学技术出版社，1996）。

④ 例如，邹佩珊，《台湾山区近五百年的气候变化：树轮宽度的证据》，台湾大学地质学研究所博士论文（1998）。

⑤ 例如：Emmanual Le Roy Ladurie, Time of Feast, Time of Famine: A History of Climate Since the Year 1000, translated by Barbara Bray (New York: The Noonday Press, 1971); Gustaf Utterstrom, "Climatic Fluctuations and Population Problems in Early Modern History," in Donald Worster (ed.), The Ends of the Earth, Ch. 3.

5. 工业发展与环境变迁：工业生产过程的排放物（废气、废水、重金属等）对环境造成前有未有的冲击，工业发展也引入一些前所未知而对环境可能有害的新物质，如氯氟碳化物（chlorofluorocarbons）。工业技术也在不断创新，朝向发展减少原料投入（dematerialization）及减少排放二氧化碳（decarbonization）的技术。最早工业化的英国至少已有两本相关的著作可供参考[1]，而且已有中国学者为文介绍。此外，麦克尼尔有关 20 世纪世界环境史的研究也值得借镜。[2] 中国大陆的环境污染已引起不少外国学者的注意，而中国工业化所引起的环境变迁，也需要就个别的工业和工业整体做更多的研究。[3]

6. 疾病与环境：透过病媒传染的疾病（vector-borne diseases）与透过水媒传染的疾病（water-borne diseases）对环境变化的反应非常敏感。[4] 对于过去发生在中国的疾病与

---

[1] B. W. Clapp, *An Environmental History of Britain since the Industrial Revolution* (London and New York: Longman, 1994); John Sheail, *An Environmental History of Twentieth-Century Britain* (New York: Palgrave, 2002).

[2] J. R. McNeill, *Something New under the Sun: An Environmental History of the Twentieth Century* (London and New York: W. W. Norton & Company, 2000). 梅雪芹，《环境史学与环境问题》（北京：人民出版社，2004），页 175—237，讨论世界环境史问题，亦可参考。

[3] V. Smil, *The Bad Earth: Environmental Degradation in China* (New York: Sharpe, 1984). V. Smil, *China's Environmental Crisis: An Inquiry into the Limits of National Development* (Armonk, New York: An East Gate Book, 1993). Reeitsu Kojima, "Mainland China Grows into the World's Largest Source of Environmental Pollution," in Reeitsu Kojima (ed.), *Development and the Environment: The Experience of Japan and Industrializing Asia* (Tokyo: Institute of Development Economics, 1995), pp. 193 – 211.

[4] Andrew T. Price-Smith, *The Health of Nations: Infectious Disease, Environmental Change, and their Effects on National Security and Development* (Cambridge, Massachusetts: The MIT Press, 2002), Ch. 5.

环境的关系还需要做更系统的研究，以期有助于了解现在的情况。此外，由于职场环境污染所引起的疾病，也需要做有系统的研究。

7. 性别、族群与环境：人类与环境的互动关系是否会因性别或族群不同而有不同？国外已有多位学者针对性别与环境做出研究，值得参考。[①] 至于族群与环境的问题，也许考古学家的看法可供借镜。[②]

8. 利用资源的态度与决策：人类对于他们生活于其间的环境抱持何种态度？他们如何做出利用资源的公共决策？如何从历史的视野来检讨当代的环境运动与环境政治？段义夫曾以欧洲和中国比较研究环境态度与行为的落差。[③] 我曾就中国史上山林川泽的观念做过初步的探讨。[④] 但要回答这些问题，我们需要更深入地研究相关的风俗习惯、价值、法律、政治、制度及组织。对于当代环境问题，美国学者夏竹丽（Judith Shapiro）对中国的研究及美国史家海斯（Samuel

① Carolyn Merchant, *Ecological Revolution: Nature, Gender, and Science in New England* (Chapel Hill and London: The University of North Carolina Press, 1989). Hilkka Pietila, "The Daughters of Earth: Women's Culture as a Basis for Sustainable Development," in J. Ronald Engel and Joan Engel (eds.), *Ethics of Environment and Development: Global Challenge and International Response* (Tucson: The University of Arizona Press, 1990), Ch. 20. Antonia Finnane, "Water, Love, and Labor: Aspects of a Gendered Environment," in Mark Elvin and Liu Ts'ui-jung (eds.), *Sediments of Time*, Ch. 18.

② 参见 Charles L. Redman, *Human Impact on Ancient Environments* (Tucson: The University of Arizona Press, 1999)。

③ Yi-fu Tuan, "Discrepancies between Environmental Attitude and Behavior: Examples from Europe and China," in J. R. McNeill (ed.), *Environmental History in the Pacific World* (Aldershot: Ashgate, 2001), pp. 235-250.

④ 刘翠溶，《中国历史上关于山林川泽的观念和制度》，收入曹添旺、赖景昌、杨建成（主编），《经济成长、所得分配与制度演化》（台北："中央研究院"人文社会科学研究所，1999 年），页 1—42。

P. Hays）对美国的研究，都可供参考。[1]

9. 人类聚落与建筑环境：农村与都市聚落的建筑环境都需要更多的研究。与这个主题相关的问题包括房屋建材与形式的变化、聚落空间的规划、都市化与都市环境的变化等等。

10. 地理信息系统（Geographical Information System, GIS）之运用：很显然，环境史的研究要同时兼顾环境在时间上与空间上的变化。现在 GIS 已成为一项很强有力的表现时空变化的技术，应该鼓励大家运用 GIS 来呈现环境史研究的成果。[2]

以上这些问题也都是互相关联的。不过，在做研究时，需要考虑适当的切入点，而这些问题都可能成为切入点。以上是我的浅见，提出来供大家进一步讨论。

---

[1] Judith Shapiro, *Mao's War Against Nature: Politics and the Environment in Revolutionary China* (Cambridge: Cambridge University Press, 2001). Samuel P. Hays, *Explorations in Environmental History* (Pittsburgh: University of Pittsburgh Press, 1998).

[2] 范毅军、廖泫铭，《历史地理信息系统建立与发展》，《地理信息系统季刊》2.1（2008.4）：23—30。范毅军、白碧玲、严汉伟，《空间信息技术应用于汉学研究的价值与作用》，《汉学研究通讯》78（2001）：75—82。

第二章　环境与人口

人口是造成环境变化的主要动力之一。移民、生育率和死亡率的变化都可能导致人口的变化。人口因素与环境之间如何互动？在理论方面可参考包雪如（Ester Boserup）的著作。[1] 关于中国人口，由葛剑雄主编的《中国人口史》（六卷）详细论述中国自古以来人口的变化；其中曹树基在第五卷给出结论："自然资源的分布有其区域性特征，……因此，中国人口的变迁过程首先是区域人口的变迁过程。概括地说，区域性的自然资源和与此相关的社会经济结构共同制约着区内的人口变迁，并借此制约着中国的人口变迁。从这个意义上说，中国人口的变迁本身也就是生态环境的变迁。"[2]

至于探讨人类对自然环境的冲击，则有英国地理学家

---

[1] Ester Boserup, *The Conditions of Agricultural Growth: the Economics of Agrarian Change under Population Pressure* (London: Allen & Unwin, 1965); *Population and Technological Change* (Chicago: The University of Chicago Press, 1981); "Environment, Population, and Technology in Primitive Societies," in Donald Worster (ed.), *The Ends of the Earth* (Cambridge: Cambridge University Press, 1988), pp. 23 - 38.

[2] 曹树基，《中国人口史 第五卷：清时期》（上海：复旦大学出版社，2001），页 884。

古迪（Andrew Goudie）在 1986 年出版的专书。古迪指出，在过去三十年，英国地理学者对于人地关系的研究大多数出现于生态学（ecology）或环境研究（environmental studies）等领域，而不是在地理学本身。然而，地理学者也受到所谓的环境革命（environmental revolution）或生态运动（ecological movement）的影响。这本书讨论的课题包括：人类对植被的冲击，人类对动物的影响，人类对土壤的冲击，人类对水资源的冲击，地貌中的人类动力，人类对气候和大气的冲击，以及人类在未来将扮演的角色。古迪在结论中指出，虽然有很多关注是聚焦于工业化的社会，这却不应该使我们忽视许多很有意义的环境变迁是由非工业化社会所完成。近年来尤其清楚的是，用火使早期的社会可以实质地改变植被；于是，植物的群落曾被认为是自然的气候顶极，其实一部分是人为用火的极致。这种情形适用于说明热带（或亚热带）稀树草原和中纬度草原。近年的研究也显示，过去以气候变迁来解释英国高地与西欧一些类似地方的主要环境变迁，可以更有效地以中石器时期和新石器时期的人类活动来加以解释。同样，也有更多的证据显示，早期人类的狩猎做法可能在 11 000 年前就造成巨型动物的改变。尽管世界的工业化与城市化快速地在进行，对于最严重的环境问题——至今还在造成广袤的地貌改变，则要由耕作和放牧负起责任。因此，相较于工业，由农业造成的水土流失给世界上的水资源带来更严重的污染；透过农业扩展使许多动物的栖地受到影响；而土壤盐

化和沙漠化可以被视为人类面临的两个最严重的问题。另外需要指出的是，随着技术的发展，人类对环境的影响随之增加，因为不确定性和对于潜在效应的经验有限，这成为我们最大的关怀。要之，冲击的复杂性、频率和强度都在增加，一部分是由于人口水平的陡然上升，一部分是由于人均消费的普遍增加。本书也指出，很显然，人类已经给环境加上了许多不可欲而往往是未预期的改变，但人们也常常有能力修正变化的速度甚至加以反转。在1980年代和1990年代，未来可能的环境变迁已经很清楚，而且各国政府和国际机构也已开始思考，世界是否正在走进空前的由人类诱导的修正。所有的改变，如果是快速而且强大的，都可能造成不确定和不稳定。对于未来的探索，不仅是环境科学的主要关怀，而且是经济学者、社会学者、法律和政治学者的主要关怀。[1]

生物地理学家巴洛（C. J. Barrow）在2003年探讨环境变迁与人类发展的书中指出，近代的人类较之他们的祖先常常是适应性较差，这是一个严重的不利情况。今日有许多小区正移向或已被锁在生计策略、基础建设与食物依赖之中，这些都是很敏感的，而且只有在环境是合情的稳定且不变的情况下才得以安全。历史、古生态学、考古学和许多其他学科都清楚地警告说，环境常常是不稳定且随时会改变的，它会明显地波动，即使没有人类扰乱自然的体

[1] Andrew Goudie, *The Human Impact on the Natural Environment* (Cambridge, Massachusetts: The MIT Press, Fifth Edition, 2000), 511 pages.

系——虽然人类也会那样做。人类好像是受到技术进步的保护，但实际上，由于以下因素，环境变迁造成的脆弱性已经增加：（1）人口数目比以前多；（2）人们依赖更复杂、易破裂而不易修复的基础设施、服务与行政；（3）在过去，如果条件变得不利，人们有迁移的选择，而迁移到他处可以让他们重新开始，但今日，大多数地方已经有稠密的定居；（4）快速的现代运输可以较以前更有效地散布疾病和有害物，在过去，不便的交通却有助于把小区当作有保护的隔离区；（5）在许多国家，人们不再能够在需要时从大家庭和地方社群得到协助；（6）在较富裕的国家，个人自助能力较弱，因为需要具备装配和修复他们所依赖的基础设施的能力；（7）社会与道德的支持常常较弱；（8）透过较好的卫生、医药或污染情况的改善可能已降低传染病的强度；（9）人们常常较不习于受苦，而且较少具备实质的生存技术。要之，借着有能力预先计划以及适应与弹性，过去的人类已能够统御各种多细胞的有机体；现今，这些能力都需要重新加强。自1950年代以来，自然科学与社会科学已发展出强大的工具来探讨环境与人类的关系，以及需要避免的反应或缓和的问题。然而，要让人们采取行动以得到最大化、安全而永续的生活形态则是一大挑战。在现代"开明民主"下，决策者必须赢得人们及其他势力和其他国家的支持，同时提倡适当的技术与良好的治理。巴洛也指出，自从1963年辛德沃夫（Otto Schindewolf, 1896—1971）提出新灾变论（Neocatastrophism）以来，新灾变论被用于

描述有关全球环境限度和环境与人类关系中的一个或两个相反的观点。新灾变论认为，确实有一些环境存在对人类行为的限制，要超越这些限制不可能没有随之而来的灾变——的确，有些人会声称发展已经过度并且超过这些限制。解决之道在于限制发展并保证在环境上的安全。不过，乐观主义者总是认为人类的智巧和适应让发展可以屈服于限制。①

至于人类的脆弱性，则有罗伯特·陈（Robert S. Chen）的讨论。他先从历史的视野，以底格里斯河低地、埃及尼罗河流域、墨西哥盆地和玛雅低地中部等四个例子，来说明公元前 4000 年至公元 2000 年的长期人口密度的起伏变化。分析的结果显示，在长期人口变化与环境变动和转型之间并没有简单的或可预测的关联性。至于近年脆弱性的变化，则由过去两个世纪的情形来看。在过去两百年的工业化过程中，伴随着人类影响和控制环境的能力增加，各地区和全球的人口加速成长。很清楚的是，正如一些重要资源的脆弱性一样，脆弱性的模式和规模也随时在改变。在发展中国家，环境的脆弱性在许多不同的程度上演进。从国际层面上看，交通、监控制度以及反应机制的不断改善，在很多情形下增加了世界上小区的能力，使它们在灾难发生时提供及时的人道协助。然而，这个国际体系本身却受到快速增加的需求、紧缩的资源、制度的限制，以及

---

① C. J. Barrow, *Environmental Change and Human Development: Controlling Nature?* (London: Arnold, 2003), pp. 2 - 3, 16 - 17.

政治争议的威胁。自 1981 年以来的十年间，国际承认的难民已增加了 1600 万人，年增加率超过发展中世界的人口增加率。在各国国内，流离失所的人数可能更多。近年的报告指出，在这些难民和接受国际人道组织协助的其他人中，饥饿与营养不良的程度增加。暴力争执已成为饥荒和因饥荒而死的主要原因。当然，近年在孟加拉国、中国、尼加拉瓜、欧洲以及美国所发生的严重水灾是致命的。这些例子显示，鉴别发达和发展中国家之间的脆弱性，人口亚群和整个社会体系之间的脆弱性，以及在过去、现在和未来之间的脆弱性，都是很重要的。人口亚群的脆弱性包括：贫穷、城市化、移民和地区间的迁移等方面。社会体系的脆弱性包括：环境敏感的活动与资源、多样的威胁、区域间与部门间的关联，以及社会的弹性。至于从未来的脆弱性来透视，关键的任务是在发达和发展中的世界中，同时发展平衡而整合的人类脆弱性视角。这不但是一个途径用以说服发展中国家必须与全球共同努力来处理环境变迁，而且保证这种努力对于其他社会与经济优先提供了补充与支持。只发展低环境冲击的技术来代替石化料、冰箱或水稻耕作是不够的。一个补充的需求是发展使用和引介这些技术的策略，以促进经济发展、能源与食品安全、研究与技术能力，以及社会韧性的其他方面。①

---

① Robert S. Chen, "The Human Dimension of Vulnerability," in R. Socolow, C. Andrews, F. Berkhout, and V. Thomas (eds.), *Industrial Ecology and Global Change* (Cambridge: Cambridge University Press, First published 1994, first paperback edition 1997), pp. 85 - 105.

　　威森（Chris Wilson）在 2006 年题为《在前面的一个世纪》（"The Century Ahead"）的论文中指出，20 世纪是一个人口成长的世纪，21 世纪将是一个人口老龄化的世纪。人口老龄化的新奇在于同时具有长寿和低成长率（即低生育率）。这些条件在过去虽很稀有，现在则已成为世界的常态。当人口学家尝试去理解人口老龄化的决定因素时，他们采用社会科学中最概括的理论之一：人口转型（demographic transition）。这个转型的过程自 18 世纪末和 19 世纪开始于欧洲和美国，在第二次世界大战之后则成为全球的现象。事实上，在过去半个世纪，世界上出现了前所未有的人口死亡率的辐合。最近几十年，也出现了显著的生育率的辐合，大多数国家的生育率都快速降低。生育率快速降低令许多国家产生过度的人口老龄化。当人口老龄化成为不可避免的全球化现象，生育率快速降低的国家将于 21 世纪中叶经历一种"超老龄化"（super aging）形式。也有一种看法认为，在一个国家的人口体制中，人口老龄化可能透过某种消极的动力而被"锁住"（locked in）。几乎可以肯定的是，在 21 世纪，人口老龄化将成为全球的现象。①

　　同样是在 2006 年，贝克曼（Lisa F. Berkman）与格里莫（M. Maria Glymour）讨论社会如何形塑人口老龄化。他们指出，每个人在年老后要面对的困难问题端赖我们有社会互动与亲密机会、我们的经济与教育经验，以及我们

---

① Chris Wilson, "The Century Ahead," *Daedalus* (Winter, 2006), pp. 5 - 8.

暴露的严酷的社会与身体压力。他们认为，有许多看起来是表面的、可能是健康结果的随机变量，事实上是由人们在其一生中所遭遇的社会和经济的经验所形塑。这样的变量是了解人口老龄化的关键。当我们年老，社会条件有助于决定一些健康结果。例如，预期寿命（life expectancy）和失能（disability）反映了社会对于不同群体的健康与福利之投资有所不同。在流行病学与人口学中，关于健康与老龄化最通用的指标是预期寿命。在比较不同的国家或人口的长期变化时，预期寿命的衡量是很有价值的。然而，综合的统计结果可能隐藏了性别与族群的差异。活得更久也可能有问题，比如老年人常年忍受残废或慢性疾病。一些研究中出现了适用于美国和其他工业化国家的三个重要发现：其一，近几十年，老年男性和女性的死亡率和失能率都已降低；其二，这些收益几乎已影响社会各阶层和各族群的男性和女性，虽然社会经济的优势者取得了稍为大一点的绝对收益；其三，人口整体的健康已经改善，但不平等仍然持续存在于社会经济各层面。富裕和贫穷之间的差距并未缩小，而且，依采用的指标来看，有些差距可能是未减反增。好消息是，更长寿并不意味着我们必须忍受更多年的严重失能。尽管有这些正面的结果，根据人们的社会和经济地位而产生的不同结果依然是普遍而持续的。这篇论文也指出，要了解当前老年人的健康，需要检视这些世代的人们在进入老年之前的经验。但也还有尚待解释的重要问题：（1）在早年经验和老年健康之间存在的关键性

生物的、心理的或社会调节因素是什么？（2）例如，我们知道教育从一系列的生理和心理压力来保护个人；但这些在人类生命过程中的时间之窗是否在社会出现时最有效而在其后变得无效呢？要回答这些问题，关键是在老龄化过程中，在生物的通道与社会的经验之间取得更为深入的洞察。累积的证据显示，社会与生物的因素决定了人们如何老龄化。关注由不同的社会经验造成的不同的老龄化提供给我们关键的线索，以了解如何改善老年男性和女性的健康与福祉。我们相信社会对其居民由幼年到老年的投资，累积起来影响着老年人口。这些社会投资的不平等分配，在人们老去时将造成难以抹去的健康上的不平等。①

在 2010 年，环境史学者塔尔（Joel A. Tarr）的论文讨论城市环境史（urban environmental history）。他指出，城市环境史是由城市史与环境史联结而成的一个分支领域。在其最简单的形式下，城市环境史关注的是城市环境与发生在城市的环境现象：历史上城市成长和扩张、发展延展的都会区以及它们与邻近腹地之间的紧密关系。有些城市也经历实质的衰退，尤其是在过去几十年。成长与衰退两者都有广泛的环境效果。城市的生态足迹（ecological footprint）不但延伸到邻近的腹地，而且透过贸易与交通也可能到达几百甚至几千里之外。这些冲击的程度有赖于自然与人为因素的结合。重要的自然因素包括气候、风向、地形、土

---

① Lisa F. Berkman & M. Maria Glymour, "How Society Shapes Aging: The Centrality of Variability," *Daedalus* (Winter, 2006), pp. 105 – 114.

壤特征以及水文。人为因素包括人口成长、领土扩张、工业发展与去工业化、能源与资源利用的改变以及居住环境的营建。所有这些因素都受到个人、群体、公司与政府追求各种目标的影响，包括经济发展以及获得权力。冲击环境的真实事件，不论是反面或正面的，都包括有目标的行动与未预期的效果。有些因素，诸如对公共卫生的威胁、各种滋扰（包括水、空气和土地污染）、自然资源的耗尽，以及重大的自然事件，引起了公众对城市环境的注意。确认重要的转折点依不同的因素而定，诸如技术与土地利用的改变、价值的优先选择、疾病的病原理论、城市精英与一般民众对风险的看法、改变与修复的成本以及造成或减轻环境问题的公共政策。

塔尔以美国的城市为例，指出美国的城市史可以分为四个互有重叠的时期：（1）紧凑的步行城市（约 1790—1870）；（2）工业化中的网络城市（约 1870—1920）；（3）都会区的发展（约 1920—1970）；（4）扩展的与裂解的城市化纪元（约 1970—2000）。这些并不是固定而绝对的分期，而是大致上符合主要由经济发展、公营和私营的基础设施以及运输和交通技术所形塑而变化中的空间与经济特征。每一个时期都可以有独特的环境因素。在人口、空间和经济成长的背景下，城市常面临着相似的问题，即需要满足用水、新鲜空气、土地、物资和能源的需求。然而，解决和减轻问题的范围，甚至接受政策观点的考虑，则各期之间有巨大的变化。要之，塔尔清楚地说明美国城市及

其自然环境的互动，并且认定了主要的转折点。采用的观点包括城市的新陈代谢、居住环境的营建、土地利用的改变以及城市生态足迹之演变。这些观念是在一个城市发展的架构下被探讨的，包括步行的城市、网络的城市、都会区域以及外城。每一个时期各有其基础设施、工业生产、运输及燃料形式的创新，但也都产生环境的成本，并常常扩大了城市的生态足迹。此外，塔尔也提到，美国人已经采取一些行动来预防由自然事件导致的大灾难：他们为抵抗飓风和地震加强了建筑规范，限制某些地区的建筑，提高保险的成本，以及修筑更高的防洪堤和水坝。然而，尽管有这些行动，美国人依然在洪积平原、海岸低地、地震危险区及靠近火山的地方建筑房屋。再者，城市也很少改变它们应对灾难的基本模式。正如多位学者的观察，财产权在稳定城市形式与限制它向新方向演化方面的力量是巨大的。①

2014 年，理查德森（Harry W. Richardson）与南（Chang Woon Nam）主编的论文集探讨萎缩城市（shrinking cities）。主编在导论中指出，以经济衰退与人口流失为特征的城市萎缩已经快速地成为世界城市发展的正常现象。例如，在 2007 年美国次贷危机发生之前，全世界就有六分之一的城市正在萎缩。据 2006 年美国人口普查估计，自从

---

① Joel A. Tarr, "Urban Environmental History," in Frank Uekoetter (ed.), *Turning Points of Environmental History* (Pittsburgh, PA, USA: University of Pittsburgh Press, 2010), Chapter 6, pp. 72 – 89.

1950 年代以来，在 1950 年名列前二十的大城市有 16 个已经严重萎缩，而欧洲的所有城市（以人口 20 万以上计）中，已至少有三分之一在 1960—2005 年间出现人口退减。在全球范围内，城市在工业化之后未能顺利地由制造业移转到服务业，结果导致人口失业与外移，以致全球萎缩城市增加。另外有一些因素引发城市衰退，包括郊区化、战争、自然或人为引起的灾难、人口老龄化、低生育率以及社会制度的解体。所有这些负面的发展也都明显使城市的财政基础恶化，反过来也扰乱了地方基础设施的维护和生活质量。结果是，萎缩的城市正忍受着空屋和资源利用不足的问题，包括没有竞争力的地方厂商，以及被遗弃的交通、运输体系和其他实用基础设施，诸如学校、废弃物处理设施等等。

近年来，经济萎缩不仅出现在一些贫穷国家，如古巴、朝鲜和许多非洲国家，也出现在一些先进的欧洲国家，如希腊和西班牙。一个国家虽持续成长，但那些较无竞争力的农村地区和一些旧工业城市则走向由结构性变化与人口外移导致的衰退。由发展理论可以认定一些衰退的原因，这些因素至少有一部分可用于解释城市萎缩。新古典理论说，衰退的发生，或由于某一个主要生产因素（如劳力、资本、技术进步）未能扩大并且不能由其他投入因素给予补救，或由于战争、自然灾害等使所有这些因素的禀赋同时变得稀有。如果新成长理论所重视的这些因素，诸如与基础设施有关的规模报酬递增、协同效应、在生产活动中学习等等被忽略了，衰退的过程可能加速。此外，有些人

口和经济因素，诸如人口老龄化、停滞或衰退，市场扩展缓慢，以及因较高的储蓄而导致的较低需求，都可能阻碍经济活动、创业、私人和公共投资，以及创新与技术发展，所有这些都会导致经济衰退。只有生产过程没有过度地破坏环境基础和自然资本，经济成长才能够持续，否则衰退将随之到来。

近年来，有各种方法被用于分析萎缩城市。它们常常与空间规模有关。其顶端是全球的和多区域的（如欧盟和拉丁美洲），在这个层面很难发展策略。联合国人口基金会花了大约半个世纪以推动提高生育率的政策，但尚未调整到鼓励人口扩张。在下一个空间层面，则有国家的问题，有些是全球的（如国家的人口下降），有些是跨区域的（如得者与失者之间的经济重组）。如果我们下降到区域层面，问题就有点复杂，牵涉到收缩的核心城市、扩张的近郊及远郊成长中的小镇。然后是核心城市的层面是否有聚焦于萎缩城市政策之需要。很多注意力放在环境的成本和效益或寻求财源上。最低的空间层面是邻近地区。较常见的实例是，当大公司把生产转移到其他国家，工业的邻近地区往往会萎缩。这些实例暗示着对萎缩城市的分析正在成为一套更加复杂的问题。

城市（或城市有机体，urban organism）存在于一个或两个层面：功能的宽阔，指涉的是都会区（劳力市场）；实质的宽阔，也称为城市区。都会区包括城区、远郊和农村，它包括农村土地，也可能包括主要城区以外的区域。在官

方指定的意义上，都会区典型的判断标准为到达城区或都会核心的通勤门槛。城区包含的只是继续城市化，不包括远郊土地，也不包括农村土地。这个分析与萎缩城市有关——已经失去或正在失去人口的实质数量。因为城市是一个经济有机体，焦点主要是放在功能或经济层面。联合国人口司（The United Nations Population Division）在 2011年的报告指出，都会区同时包括在城市层次上居住的邻近地区与周围聚落较不稠密的地区，但也在城市直接的影响范围内。都会区为何萎缩？当都会区的成长发生在城区的边缘并超出城区，就有很多因素结合起来造成都会区内某些区块人口减少，尤其是人口较稠密的都会核心。这些都会核心所失去的人口，至少有一部分持续转移到较不稠密的城区。这是家户福裕增加的结果，个人的流动性增加并被允许拥有更大的房屋和更多的土地。此外，长期以来，平均家户规模已实质性缩小，这也促成在没有合并的情况下人口实质性减少。大的城市更新、城市发展与高速道路的营建都倾向于降低都会核心的稠密度。都会合并可能减少甚至反转下降的人口趋势。然而，这类建议遭遇很多抗拒。

在历史上，尤其在过去两个世纪，最成功的城市都已经增加人口，并且很自然地（有机地）扩展它们的实体大小。这两种趋势都因为更富裕和更快的运输而加速。一般而言，最大的人口成长是在郊区和远郊区，而城市中心区成长较慢（或失去人口），这说明了当城市变得更大时，往

往往会变得较不稠密。同时，在美国、欧洲、日本，甚至在发展中国家，人口密度都已减小。①

在 2014 年探讨萎缩城市的书中，施尔菲亚·何（Sylvia Ying He）讨论了中国大陆城市的情形。作者指出，在过去二十年，中国大陆经济的年均成长率达 8％以上，城市正以前所未有的速度成长。然而，在这个经济体中并非每一个城市都在成长，有些城市已停滞甚至出现人口负增长。人口停滞的现象一般可能归因于外源性，诸如全球化及因之丧失的经济竞争力，或自然灾害对城市造成不可预料的损害。城市萎缩也可能源于内部因素，诸如工业循环可能因为自然资源耗竭而遭受巨大的冲击，这是许多立基于资源的城市之困境。"立基于资源的城市"一词指涉的主要是矿业城市和森林城市。这些城市的数目不少，它们在地级市中大约占 17％。据国家发展和改革委员会的资料，中国大陆有 118 个立基于资源的城市，包括 47 个地级市和 71 个县级市。立基于资源的城市在经济发展中扮演着重要角色，也累积了许多紧迫的问题，诸如资源枯竭、不平衡的工业结构、经济衰退、失业及环境污染。在 47 个地级市中，有 19 个（占 40％）已由国务院认定为资源枯竭城市（resource depleted cities），在这些城市的累计开发已达到可开发储量的巨大百分比。有些立基于资源的城市，如盘锦市（辽宁

---

① Harry W. Richardson and Chang Woon Nam, "Shrinking cities," in Harry W. Richardson and Chang Woon Nam (eds.), *Shrinking Cities: A Global Perspective* (London and New York: Routledge, 2014), pp. 1 – 24.

省的一个石油矿业城市)、抚顺市(辽宁省的一个煤都)
与伊春市(黑龙江省的一个伐木城市)都已显露萎缩的
迹象。

为了解中国大陆的萎缩城市并启发城市未来可持续发
展政策的设计,施尔菲亚·何检视立基于资源的地级市的
人口与经济发展。探讨在 2000 至 2010 年间这些城市(相
对于一般城市)的特征,显示资源枯竭城市的人口停滞或
萎缩,也检讨政府对于活跃地方经济发展的政策与计划制
定。资源枯竭的城市在传统上依赖原料与劳力密集的制造
模式。当传统工业的生产力已经扁平化甚至下降,对于就
业与人口的需求自然随之下降。立基于资源的城市常常在
它们的资源枯竭后面临经济减速的风险。资源枯竭的城市
共同面临着经济、社会与环境多方面问题,其命运在某些
程度上依赖适当的政策与政府提供的支持。在中国大陆,
立基于资源的城市其工业转变,自 1990 年代以来已经引起
政府的注意。中共第十五次全国代表大会于 1997 年召开,
会中明白指出发展替代产业与接续产业的重要性,并在立
基于资源的城市与矿业区寻求转换模式。在 2008、2009 和
2011 年,国务院发布三批资源枯竭的城市名单,总计有 69
个城市。传统上是工业基地的东北地区,以其丰富的自然
和矿业资源供应大量的原料给全国的制造业,在资源枯竭
的城市中几乎占了半数:69 个城市中有 8 个在内蒙古、9 个
在黑龙江、7 个在吉林、7 个在辽宁。另外 3 个有较多资源
枯竭城市的省份是在中部地区:河南与湖北各有 5 个,江西

有 4 个。为了更加了解中国的资源枯竭城市的发展模式，它们的社会和经济特征值得更贴近地加以检讨。必须指出的是，在国务院发布的资源枯竭城市名单中也包括了镇和区，这些行政或地理单位的层级是在地级市之下。此外，有些城市的特征只有在地级和省级的层次才找得到。为了使分析的单位一致且可比较，只有地级市被选来加以分析。在挑选的 25 个立基于资源的城市中，有 13 个是煤矿丰富的城市，这暗示着煤可能面临高度资源枯竭。其他面临危险的资源涵盖范围很广，包括石油、天然气、森林、铁矿、有色金属、石墨和高岭土。

就人口成长来看，有些资源枯竭城市（如抚顺、伊春和白山）在 2000—2010 年间经历了人口流失。为了在比较时降低省区之间的差异性，只有选择内蒙古、辽宁、吉林、黑龙江、安徽、江西、山东、河南、河北、广东、四川、陕西、甘肃和宁夏等省区来讨论人口问题。人口是萎缩城市的主要衡量指标。分析结果显示，在 2000—2010 年间，资源枯竭城市比一般的城市人口规模小。2000 年，中国大陆一般城市的平均人口是 420 万，而资源枯竭城市是 190 万。从就业与工资来看，在 2000 年，一般城市的平均就业人口有 200 万，而资源枯竭城市只有 85 万。这种差距一直持续到 2010 年，一般城市的就业人口大约是资源枯竭城市的 2.04 倍。从工业产出与生产力来看，资源枯竭城市的GDP 从 2000 年的 12.1 亿元成长到 2010 年的 54 亿元；一般城市则从 29.8 亿元增至 132.7 亿元。换言之，一般城市

的 GDP 大约是资源枯竭城市的 2.5 倍。就经济开放的程度来看，在 2000 年，资源枯竭城市的外商直接投资（FDI）占 GDP 的比重是 1.4％，一般城市是 2.4％；但在 2010 年，资源枯竭城市的 FDI 增至 1.8％。再就空间分布来看，资源枯竭城市高度集中在东北地区。

　　施尔菲亚・何在结论中指出，资源枯竭城市一般是顺着它们的主要工业有"繁荣和萧条"循环。自然资源消耗到某一程度会使城市的衰退期可以预见。结构上的改变决定了一个城市是否再生或衰败。三批资源枯竭城市名单的发布，可以视为中国在国家经济繁荣时就预计到生产力下降以及人口停滞和下降的可能。这些观察可以促使中央和地方政府更加努力为地方经济的活跃做出更大的创新。了解了资源枯竭城市的地方集中性，有效的经济活跃政策也就必须考虑地区的限制与机会。①

　　在 2014 年的论文集中，另有迈克・林（Michael Cheng-Yi Lin）讨论台湾的城市是否萎缩。他指出，在过去几十年，许多美国和欧洲的工业城市已经历大量的人口流失。城市研究者习惯于把这种人口减少的现象描述为"城市衰退"（urban decline）。近年来，"城市衰退"一词已经渐由"城市萎缩"所取代，理由有二：其一，相较于城市衰退，城市萎缩被认为是相对中立的词语；其二，有一些学者认

---

① Sylvia Ying He, "When Growth Grinds to a Halt: Population and Economic Development of Resource-depleted Cities in China," in Harry W. Richardson and Chang Woon Nam (eds.), *Shrinking Cities: A Global Perspective* (London and New York: Routledge, 2014), pp. 152 – 167.

为近年来许多城市的人口收缩已经变得多面，而且这种现象并不只由去工业化所触发，也由于人口、经济、环境、社会和政治的因素。因此，在描述城市所经历的人口减少过程与各种因素时，"城市萎缩"和"萎缩的城市"是较广泛并且已成为更普遍使用的概念。虽然城市萎缩的挑战向来主要是在美国、西欧和日本的城市，但它已不只存在于这些地区的学者、从业者与政策制定者口中。相关的研究指出，在20世纪下半叶，大约有350个以上的城市经历大量的人口减少。在1990—2000年间，全球的大城市中，四分之一已缩小。在过去二十年，萎缩的城市也已出现在亚洲和欧洲的其他部分、非洲、加勒比海地区、拉丁美洲和大洋洲。在亚洲，萎缩的城市大量增加。据联合国人居署（2008）的资料，在发展中国家的萎缩城市总数中，亚洲城市占60%，这些城市大多数在中国和印度。

在台湾地区，最近的人口趋势包括生育率下降、人口总数减少以及一些地方的高空屋率，意味着有些城市和县正在面临未来几十年的城市萎缩。然而，在台湾，媒体、学界与公共部门都尚未对城市萎缩有所讨论，更不用说对萎缩的挑战有所回应。迈克·林从两个问题来探讨潜在的挑战：面临着萎缩挑战的城市和县是哪些？对于辖区所面临的挑战，政策制定者与从业者应如何响应？由于对台湾的城市萎缩问题的注意甚少，迈克·林以国际的研究为基础，先回顾城市萎缩的原因、后果及响应，以作为探讨上述两个问题的基础。其次，检视台湾的人口转型以及对于

预期会出现人口减缩的政策反应。接着，认定台湾正在面临萎缩战的城市和县，并检视对于低生育率与预期人口减少的政策之反应。在结论中综述主要发现并建议未来的研究方向。

关于城市萎缩的原因，奥兹瓦特（Oswalt）与黎聂特（Rieniets）在 2006 年的研究曾指认四类：破坏（如疾病、战争和自然灾害）、改变（如人口、经济和政治转型）、损失（即失业或资源流失），以及转移（如移民和郊区化）。城市萎缩的另一个原因与人口的变化有关，尤其是与低生育率和人口老龄化相关的变化。低生育率和人口老龄化常常同步造成人口减少，尤其是在欧洲和日本的城市。工业的重构或转型也导致许多旧工业制造城市的萎缩。没有能力拥有新的国际分工与新兴的经济安排已导致这些城市去工业化，失去它们的经济支配地位，终致人口减少与城市萎缩。就业率降低也引起城市萎缩。当一个城市的劳工难以找到符合他们资格与技术的工作时，他们可能选择迁移到别的地方寻找更好的就业机会。城市萎缩也导致郊区化或城市蔓延（urban sprawl）。这些与城市萎缩相关的复杂情形暗示着，处理萎缩的挑战需要多层面的方法。

面对城市萎缩的挑战，政策制定者与计划专家常常采取两个路径：成长取向与萎缩取向。大多数美国城市采取成长取向的方法，诸如成长管理与精明的成长；而欧洲城市更倾向于接受它们的萎缩并采取萎缩取向的方法。传统的计划工具主要是为了新的发展与营建。因此，城市计划

领域典型的是聚焦于成长,但很少触及当城市的未来成长不太可能时,如何规划。城市计划者并未受过处理萎缩的训练,而是试着去反转人口下降的趋势。世界上有一些城市已开始接受不可避免的城市萎缩趋势并采取萎缩导向的策略。"精明的衰退"和"精明的萎缩"被用来指涉这种新的计划典范。采取这种计划典范的城市通常把目标放在重新设计更少人、更少建筑、适当的基础设施和服务,并且有更好的生活质量的城市上。过度的基础设施和服务会造成无效率和地方政府的财政负担。应对这个问题,缩小规模与绿化基础设施是两个常用的策略。

就台湾的情形来看,在过去一个世纪,人口成长率在1961年达到41.7%的高峰后开始下降。数据显示,在1951—2011年间,总生育率从7降至1。导致总生育率低的因素在各期不同。自1960年代中期至1970年代中期,政府曾担忧快速的人口成长率可能会影响资本累积与经济发展。结果,政府启动家庭计划并于1969年颁布第一个人口政策方针,意图控制出生人数。虽然有人认为,即使没有政府的干预,总生育率终会下降,但事实上,自1950年代末期至1970年代中期,政策控制在生育率下降中扮演了重要的角色。然而,有些研究者认为,这期间生育率的下降与政府的干预毫无关联,而可能与死亡率下降及教育程度提高有关。此外,下降的生育率可能归因于经济由农业转型到工业。生育更多小孩原本是为了提供更多劳力给农业,一旦经济基础从农业移转到制造业,对于小孩的需求

也逐渐减小。实证研究发现，这个假说其实是混合的。1984 年，总生育率降至 2.06，低于工业化国家为维持人口稳定所要求的生育更替水平，平均每一个妇女生育 2.1 个小孩。预见到人口下降与老龄化即将到来，有些学者已敦促政府调整生育控制取向的人口政策。不过，直到 1980 年代末期，政府依然关注着人口爆炸的可能性而没有调整生育控制取向的政策。考虑了人口爆炸与人口下降之间的辩论，政府终于在 1990 年代初放弃生育控制取向的政策。然而，政府也并没有启动鼓励生育的政策。政府对于提高生育率政策的犹豫是由于环境主义与女性主义的兴起。环境主义者认为在工业化不当与人口稠密的情况下，总生育率下降是一个有利于补偿环境破坏的信号。女性主义者认为，政府的生育政策具有数量的目标而忽略女性的自主，因此不可以提倡。1997—1998 年，总生育率由 1.8 降至 1.5。政府希望在 2000 年看到相当大的婴儿潮，因为许多台湾人相信龙年出生的婴儿会有幸运而且成功的命运。然而，生育率只回升到 1.7 并且被另一个下降的螺旋困住了。在 2008 年，总生育率降至 1.1，而在 2010 年更是出现 0.9 的总生育率——这个事实使台湾地区的生育率成为世界最低。在近二十年，生育率下降的背后推力是女性教育程度的提高、女性较高的劳动参与率和财政独立、晚婚、结婚率下降、在工作与家庭生活之间存在着低工资相较于养育子女的成本的冲突、害怕失去自由以及传统家庭价值观的基本转移。如果低总生育率的趋势继续下去，台湾地区的总人

口将在 2020—2031 年开始下降。

近年来，低生育率和预期的人口流失已引起政府、学界、媒体和一般民众的注意。对于这个人口转移将如何减少各阶层的数目和规模已有激烈的讨论，驱策不同层次的教育机构关闭，结果导致教师和教授的供给过多。可预见的人口缩减也引起对于经济成长、劳力短缺及政府收入的关注。在台湾，人口下降带来的挑战也伴随着人口老龄化。预期在下一世代，年老父母的生活与健康将成为小孩沉重的负担。政府自 2000 年代初以来，已采取更实际的措施试图转变人口减少的趋势。2002 年通过了有关就业性别平等的规定，并给予妇女育婴假。尽管有这项规定，生育率并未提高。最近，为了应付低生育率，各级政府都出台各种政策措施，包括生育补贴、产假、婴儿照顾补贴、五岁以下幼儿的免费教育、减税以及房屋补贴。这些补贴相较于育婴负担是很小的数目，因此，这些激励措施可能没有足够的吸引力诱导夫妻多生小孩。在美国和一些欧洲国家，人口的流失可以由移入的人口来缓和。但台湾地区的数据显示，自 1969—2011 年，移入人口在总人口中所占的比例几乎可以忽略，大多数时间低于 0.3%。甚至在历史高峰的 2009 年，移入人口在总人口中所占的比例也只有 0.43%。虽然自 2004 年以来，移入人口多于移出人口，但移入人口的净增加则是相当少的。因此，预期在未来二十年将发生的人口下降不太可能由移入人口来补足。

虽然城市萎缩尚未成为台湾计划专家的大关怀，但如

果当前的人口趋势继续下去，台湾有些城市和县可能面临萎缩的挑战。此外，台湾在过去十年已经历了经济发展的结构性改变。经济转型也可能导致一些城市和县的人口外移。因此，可以公平地问，在如今及未来十年，是不是台湾的有些行政辖区已经历或将面临城市萎缩的挑战。迈克·林指出，要探讨这个问题，需要认定一些在其他国家和地区已发现的城市萎缩征候。更明确地说，要为过去几十年台湾的城市和县，检视城市萎缩的五个指标——人口组成、生育率、工业结构、就业率以及空屋率。

首先，检视大地理区域中的人口转型与分布。台湾分为北部、中部、南部、东部四个区域和一个地区（金马地区）。1961年，人口平均分布在北、中、南三个区域，每一区域大约有总人口的三分之一。自1961年以后，北部区域人口持续增加且与其他区域的差距变得更大。2011年，台湾的人口分布变得相当不平均，几乎有一半（45%）集中在北部区域。虽然中部区域和南部区域的人口在1961—2011年间有所增加，但其间，两个区域的人口所占比例减少；2011年，这两个区域的人口各占总人口的约四分之一。自1961年以后，东部区域和金马地区的人口在台湾总人口中只占很小的比例。在2011年，东部区域的人口密度是每平方公里69人，可见这区域是不受欢迎的居住地。

区域的人口数据显示，有些城市和县可能已经历了萎缩的过程或将在未来几十年面临这个问题。据1951—2011年间台湾主要城市和县的人口数据，在北部区域大多数城

市和县已经历了人口成长，但成长率则一般是下降的。在
1991—2001 年间，台北市流失 3.1％的人口；而在 2001—
2011 年间，人口成长率只有 0.65％。在过去二十年，台北
市的人口成长停滞可能是因为高房价和其他高生活成本。
在台北市工作的人，可能选择居住在房价较低的邻近城市
和县。这可能说明，为何新北市、桃园县、新竹市和新竹
县的人口在过去二十年仍有增加。自 1971 年以来，基隆市
和宜兰县每十年的人口成长率从未超过 10％。在 2001—
2011 年间基隆市和宜兰县分别流失了 2.82％和 1.45％的
人口。

　　自 1951 年以来，中部区域的人口成长率一直在下降。
在整并为台中市之前，原台中市和台中县都经历了快速的
人口成长。然而，在 2001—2011 年间，整并后的台中市人
口成长率下降至 7.18％。自 1971 年以来，苗栗县人口成长
率低于 3％，但在 2001—2011 年间达到一个高峰。中部区
域的有些县在人口成长方面表现更差。自 1971 年以来，彰
化县、南投县和云林县的每十年人口成长率几乎都低于
10％。在 2001—2011 年间，彰化县和南投县分别流失了
0.83％和 3.51％的人口。最不幸的是云林县，自 1971 年以
来经历了最大幅度的人口下降，在 2001—2011 年间，下降
了 4.04％。

　　自 1951—2011 年，南部区域的人口成长率也已降低。
除了台南市、高雄市和高雄县，自 1971 年以来，南部区域
大多数城市和县的人口成长率相较于北部区域和中部区域

都相对缓和。1971—2001 年，澎湖县流失了不少人口；但在 2001—2011 年间，澎湖县人口增加了 5.3％，嘉义县和屏东县则分别下降了 4.51％和 4.93％。

东部区域经历了最广泛的人口流失。自 1981 年以后，东部区域人口逐渐减少。花莲县自 1981 年以来就有人口流失，在 2001—2011 年间，人口下降率跃升到 4.62％。自 1971 年以来，台东县是人口竞争的最大输家，过去十年，台东拥有最高的人口下降率（6.67％）。

就过去十年台湾的总生育率来看，2001 年，高雄市的生育率最低（1.135），紧跟其后的是台南市、台北市、基隆市、嘉义市。在 2011 年，基隆市成为台湾生育率最低的城市（0.685），接着是屏东县、嘉义市、南投县、嘉义县。在过去十年，基隆市和嘉义市始终名列台湾最低生育率的前五名。就过去十年的失业率来看，2001 年，基隆市、高雄县和花莲县的失业率最高；到了 2011 年，南投县、台东县和基隆市名列前三位。目前，基隆市忍受着最低的生育率和最高的失业率。

至于空屋率，以 1990、2000 和 2010 年的情形来看，台中市的空屋率最高。自 2000 年以来，台中市有四分之一以上的房屋是空的。在这期间，基隆市的空屋率是台湾的次高、北部区域的最高；2010 年，基隆市有四分之一的房屋空着。花莲县也有空屋的问题。2010 年，宜兰县和台北县也有高空屋率，大约有五分之一的房屋是空的。

基于上述的分析，台湾面临的城市萎缩挑战是什么？

要如何应对呢？台湾城市萎缩的挑战可从四个指标来看：人口下降、低生育率、高失业率及高空屋率。比对分析的结果显示，基隆市已经历萎缩的过程。这提示着政策制定者和计划专家可能需要采取萎缩取向的路径来应对萎缩的挑战。人口流失与高空屋率意指宜兰县和花莲县的主政者需要探索应对萎缩挑战的创新方法。

迈克·林在结论中指出，台湾人口的生育率在过去几十年已经下降。人口的衰退可归诸政府政策、环境主义与女性主义的兴起、妇女的教育程度和劳动参与率提高、晚婚、结婚率下降、育婴的高成本、工作与家庭生活的平衡、害怕失去自由以及家庭价值的转移。在过去几十年，低生育率与预期的人口下降预示着台湾有城市萎缩的可能。然而，城市萎缩并未在政策制定者和城市计划者之中形成一大关怀，而关于城市萎缩的讨论也尚未兴起。为了应对可预见的城市萎缩挑战，迈克·林认定了一些正在面对或即将面对萎缩挑战的市和县。目前，基隆市比其他地方更直面这个问题。人口缩减与高空屋率意味着宜兰县和花莲县也需要就它们的条件制定计划策略。

台湾现有的计划典范仍然是成长取向。由于有些市和县正在萎缩，政策制定者和计划从业者应该在计划方法上开启典范转移的可能性，以便引导成长缓慢或萎缩中的地区之计划。此外，地方当局需要基于地方的问题与资源来制定它们应对萎缩挑战的计划政策。有些问题可能是跨辖区的，解决某些萎缩问题就需要不同管辖区域的合作。此

外，有些学者认为，萎缩并不必然都是负面的。城市萎缩释放出的土地和物质空间可以用于新的经济发展或绿地。这里只聚焦于台湾的一些主要城市和县，未来的研究应该检讨更微观的地理区域以便描述萎缩的更详细的图像，也应该在量性之外注意萎缩城市的质性变化。[①]

综上所述，在历史上人类的聚落因人口数量的增减而经历了曲折的变化。自工业革命以来，工业发展伴同人口快速成长而形成大规模的城市化。然而，自20世纪末以来，很多国家和地区的人口成长率显著降低，甚至负成长，则又引起近年来城市萎缩的现象。但很多地区的研究才刚起步，尚待学者们致力于更深入的研究。

---

① Michael Cheng-Yi Lin, "Are Cities in Taiwan Shrinking?" in Harry W. Richardson and Chang Woon Nam (eds.), *Shrinking Cities: A Global Perspective* (London and New York: Routledge, 2014), pp. 182 – 204.

第三章　环境与经济

　　人类为满足衣食住行的各种生活需要，从事各类经济活动，而这些活动需要利用自然环境中的各类资源，也造成各类污染问题。要之，环境与经济两者是息息相关的。本章将依次讨论环境经济学、自然资源、农业、工业、商业以及各种经济活动造成的环境污染问题。

一、 环境经济学

　　首先要指出的是，环境经济学是最近才发展出来的经济学的一个分支。季平（Alan Gilpin）在 2000 年检讨了环境经济学。他指出，环境经济学包含污染控制、气候变迁、保护自然环境、保育稀有资源、生物多样性以及经济工具问题，市场对于这些问题的解答并不重要，但自然资产需要为了公益而理智地分配。经济理论指出，当没有人可以损人利己，市场效率就会盛行。市场效率常用来暗示其他三个效率形态：生产效率、配置效率、分配效率。市场效

率的理论条件要求非常严格，而在真实世界中很少完全符合。市场机制有时会被证明是有缺陷的，它不一定能够如所要求地调节供应，它不必然在毫无通货膨胀的情况下运作，它也不会自动地调整社会和私人的边际净生产。当自然资源被过度利用而导致土壤盐化和恶化、过度捕捞、稀有和濒危物种灭绝、资源基地枯竭以及重要的社会成本如空气和水污染但并未反映其代价时，市场也常常失败。市场并未考虑外部性。基本上，就广义来说，"环境"一词包含让任何个人或事物存在、生活或发展的条件和影响力。这些周遭的影响力可以分为三类：（1）影响个人或小区的物质条件之综合体；（2）影响个人或小区的性质之社会和文化条件；（3）一个老成物体的固有社会价值之环境。在此，这个观念实质上是以人为中心或与人相关的，虽然有许多方面会偏重自然本身的重要性，无论对人类是否有益。人性的环境包括非生物的土地、水、大气层、气候、声音、气味；生物的因素包括其他人、植物、动物、生态、细菌和病毒以及所有影响生活质量的社会因素。

欧盟委员会（the European Commission）曾把环境定义为："各种因素的组合，其复杂的相互关系构成个人与社会生命的设置、周围的事物与条件，像它们那样或像它们被感觉到那样。"（The combination of elements whose complex interrelationships make up the settings, the surroundings and the conditions of the life of the individuals and of society, as they are or as they are felt.）一方面，较早的起源可以溯自

19 世纪不如人意的公共卫生，包括不清洁的住宅与街道，污染的公共给水、排水沟与卫生，公众滋扰，不卫生的食品加工和处理，过度拥挤，有害的流出物，垃圾堆，流行病，传染病以及害虫滋生。另一方面，对于自然、保育自然的地区以及建立国家公园和海洋公园的兴趣增加。这两方面的发展可说是完全分开而没有互通的。一直要到 1960 年代这两条路径才开始合并，并加上了新分支和新机构以整体地保护环境。人类的第一次世界环境会议于 1972 年在斯德哥尔摩（Stockholm）召开，第二次于 1982 年在内罗毕（Nairobi）召开，第三次于 1992 年在里约热内卢（Rio de Janeiro）召开。1980 年，世界保护战略（the World Conservation Strategy，WCS）由世界保护联盟（the World Conservation Union，WCU）、联合国环境规划署（the UN Environment Programme，UNEP）及世界自然基金会（the World Wide Fund for Nature，WWF）共同发起。它显示，借着保护发展所依赖的生活资源，以及发展与保育政策的整合，发展才可以永续。1987 年，世界环境与发展委员会（the World Commission of Environment and Development；亦称为布伦特兰委员会，the Brundtland Commission）发布《我们的共同未来》（*Our Common Future*），把永续发展（Sustainable development）定义为："发展满足了现有世代的需求而不损坏未来世代满足他们的需求。"（Development that meets the needs of the present without compromising the ability of future generations to meet their own needs.）1996

年，世界银行（the World Bank）发布了更正面的观念：
"永续发展是留给未来的世代如同我们自己所有的机会，如
果不是更多。……给未来的世代更多的人均资本，虽然我
们留下的资本组成可能在其构成上将有所不同。"①

　　另外，普塔斯瓦玛哈（K. Puttaswamaiah）从环境与生
态的视角来探讨成本效益分析（cost-benefit analysis）。基本
上，成本效益分析主要是用于分析大规模的灌溉工程。现
在，由于世界银行的努力，成本效益分析已经运用到许多
领域。在这种情况下，一方面是环境与生态发展，另一方
面是危害与破坏变得愈来愈明显，成为对计划者的一项挑
战。成本效益分析一般运用于较大的计划以评估事前的预
期和事后的结果。小型计划一般不会考虑早期阶段，因为
那会被视为浪费。大型计划意味着很大的投资而效益只流
向少数，而小型计划将不产生快速的结果而且也将把利益
给予社会较大的部分。成本效益分析的起源可以溯自奎伯
（Edward Kuiper）的著作 *Water Resources Projects Economics*
（1971）。普塔斯瓦玛哈指出，成本效益分析有五种方法：
（1）消费者与生产者的剩余；（2）Little-Mirrlees 的计划评
价方法；（3）联合国工业发展组织（UNIDO）的方法；（4）
世界银行的方法；（5）成本效益分析的附加值（Value-
added）方法。世界银行的方法在其范围内结合了经济合作
与发展组织（OECD）的手册、Little-Mirrlees 与 UNIDO 的

---

① Alan Gilpin, *Environmental Economics: A Critical Overview* (Chichester, England: John Wiley & Sons, Ltd., 2000), pp. 8 - 20, 89 - 91.

指导方针。①

　　杨格（Stephen C. Young）2000 年主编的书从生态现代化的角度来探讨环境与经济整合的问题。他在导论中陈述生态现代化的源起和演化性质。在 1990 年代，生态现代化吸引了更多的注意。在已工业化的民主国家中，生态现代化开始主导接近环境政策的方法。然而，作者们从不同的视角来探索生态现代化。例如，摩尔（Mol）确认了三个主要的解释方法：（1）生态现代化被用在有关社会理论的总体辩论中；（2）生态现代化被社会学家当作一个新典范来分析 1980 年代和 1990 年代的环境政治变化性质与政策；（3）生态现代化被用来解释环境与经济政策的计划，以处理 20 世纪末发生在工业化民主国家中的政府所面临的一系列问题。耶尼克（Jänicke）提供了生态现代化的第四个理解。他认为有些公司提倡生态重组单纯是为了减少成本以加强竞争力，从烟囱工业转变为清洁技术。杨格把他讨论的重点放在重新建构工业化民主国家中的环境与经济的关系上。

　　1970 年代罗马俱乐部（Club of Rome）发表报告和 1972 年斯德哥尔摩会议召开之后，常规的分析认为经济是有选择的：或者是职业与成长，或者是环境保护，两者择一，而不是两者并列。人们普遍相信加强环境保护将导致

---

① K. Puttaswamaiah (ed.), *Cost-Benefit Analysis: Environmental and Ecological Perspectives* (New Brunswick and London: Transaction Publishers, 2002).

对经济成长的限制。但在 1980 年代和 1990 年代初期，生态现代化兴起成为一个新论述的理论，中心论点如下：有可能把工业沿着生态路线加以现代化，同时反映发展中的环境挑战，并给予政府和公民社会一些压力。核心的论点是生态现代化可以导致不同性质的经济成长。成长可以维持在一个较强的环境保护架构之下，使成长在环境条件下变得比传统的经济成长模型更为良性。环境保护不再是一个额外的负担，它成为一个机会——从一个经济模式发展到另一个的跳板。令人陶醉的版本则是双赢（win-win）情节，在其中可能有较高的生活水平与其他经济成长的效益，和加强的环境保护同在一起。许多作者把这种情况称为把经济成长与增加的环境压力分开。

　　杨格指出，生态现代化的特点可以由八方面来看。（1）公司采用长期的观点：公司从简单地遵守环境规章转变为更广泛地解释它们的环境责任。（2）新的企业策略：其一，在进步的阶梯中清楚地联结两个环节；其二，预防而不是补救。（3）在政府中整合环境的和经济的政策。这代表一个新的做法。（4）新的政策工具：环境经济学把经济工具发展成更有弹性的手段以鼓励厂商把环境危害最小化。（5）伙伴关系和参与：一开始，生态现代化是比较开放的包括一切的决策方法。这种更开放的参与方式在里约会议后更受鼓励。另一方面也促进非政府组织（NGOs）的兴起。（6）科学与技术：在生态现代化的特征中，暗示着科学与技术扮演更强的中心角色。在政府内部，科学与技

术也扮演着重要角色。非政府组织也与科学家发展更密切的关系。（7）私人部门对于制定决策的影响：生态现代化已为私人部门创造了新机会来影响决策的制定。新兴的是改变传统由上而下的统制成为公开的讨论。（8）不同种类的经济成长：生态现代化的目标是维持经济成长的同时建立一条对环境更友善的途径。生态现代化与战后习惯的经济成长不同，因为致力于减少资源消费从而减少产生的废弃物。

生态现代化在 1970 年代末期和 1980 年代初期兴起，多数政府主要用其解决财政赤字的问题。然而，也涉及其他因素。在许多方面，生态现代化已经改善了政府与工业的关系，变得较少对抗而较多合作。此外，生态现代化为国家和地方政府带来环境的收益——较少污染的水道、已破坏场所的重新利用与美化，以改善地方的生物多样性和地方居民的生活质量。更广泛地来说，从政府的观点来看，生态现代化是有吸引力的，因为它能解决环境的问题而未引进基本结构的改变。再者，生态现代化并未威胁到 20 世纪末期的资本主义，而是寻求适应。生态现代化的实用特征是重要的，因为它使建立共识成为可能，而避免了破坏性的政治争议和资本异化。全球化也是有助于提倡生态现代化的一个因素。新的全球经济的特征是生产网络愈来愈整合，范围扩及全世界而由跨国公司所控制。除了经济层面外，其他因素也加入全球化的进程。这些因素包括：电子通信横跨了国际界限，立基于全球的媒体集中与重构，共同文化要素（诸如媒体、艺术、电影、运动和广告）的

兴起，更多超国家和政府间组织的建立以制定全球化的决策。在 1990 年代，生态现代化与永续发展之间关系密切，两者分享一些共同的特点：接受未来和未来世代的重要性，他们应该与现有的世代一样享有相同的资源；接受在做决策时必须考虑环境成本而不只是经济成本；也接受有必要使发展能够兼容地方的生态系统。但在一些方面，生态现代化超越了弱永续发展（weak sustainable development）的样板主义。至于生态现代化的前途，则是有些令人困惑的。它的传布，使有些强大的力量在反对它的发展。此外，生态现代化的一些特点并不符合原有的设想。但在另一方面，有些因素有利于继续在工业化的民主国家中传布生态现代化。

关于未来的研究，杨格提出七项建议：（1）为什么生态现代化的提倡和实践在部门间有所不同？决策者对于生态现代化与服务业、农业及非制造部门之关联可以做到什么程度？就整个经济体来说，潜在的意义是什么？（2）一个公司的环境责任之扩大观点要如何推广？（3）在十或二十年内，在全球化、技术变迁及其他因素之下，厂商寻求减少它们的净环境冲击可以达到什么程度？（4）从国家来看，如果它有比工业更宽的视角，那么最有效的经济工具和规范取径是什么？它们对各部门的冲击如何？（5）在私人部门与国家组织之间，正在发展的制度变迁与伙伴关系的规模和范围是什么？这些如何影响不同层次的政府、贸易组织与其他工业游说团体、中小企业以及地方利益相关者之间现有的沟通渠道？（6）在地方层次，生物区域主义的观

念如何发展起来以提倡更大的自力更生甚至是更大的地方经济自足？生态现代化削弱地方经济的范围有多大？或地方化的版本可以发展起来加强地方经济，如同绿色技术园的策略一样？（7）在西欧以外，生态现代化达到什么程度？现在已有加拿大、美国与日本的例子。但这个模型在OECD以外的国家，在后苏联的经济体如匈牙利，以及较成功的第三世界国家，如何建立？[①]

至于生态现代化的实证研究，黄信勋、萧新煌与徐世荣曾用生态现代化的取径来检讨第二次世界大战后台湾的土地利用。他们分三阶段来分析台湾土地利用和产业政策。（1）缺乏环境思考的发展（1975年以前）：这一阶段的特点是缺乏环境方面的考虑，盲目追求现代化和工业化，忽视其现有的和不利的潜在影响。（2）置外于环境之发展（1975—1995年）：在这一阶段，政府偏向发展重工业，于1974—1981年间设立工业区，另外也通过土地分区利用来减少工业发展造成的健康影响与外部公害成本，环境因素已逐渐被引入政策规划。（3）整合环境的发展（1995年至今）：由于地方上环境抗争事件不断发生，在1990年代，环境规章的制定中开始反映保护环境的需求，一个整合着环境的发展模式逐渐形成。结论指出，这些改变让我们确实看到台湾将环境关注予以制度化的明确趋势，这是生态现

[①] Stephen C. Young, "Introduction: The Origins and Evolving Nature of Ecological Modernisation," in Stephen C. Young (ed.), *The Emergence of Ecological Modernisation: Integrating the Environment and the Economy*? (London and New York: Routledge, 2000), pp. 1 - 40.

代化的主要观察点。不过在一些案例中，在宣称与实践之间仍有一些落差。除非台湾能够真正进入"整合环境的阶段"，台湾人懂得深刻反省发展或成长的意识形态，否则"经济增长与环境效益之间的取舍"在未来依旧会是个棘手的问题。①

二、 自然资源

希克斯（Sir Cedric Stanton Hicks）在一本讨论人与自然资源的书中指出，"征服自然"实际上是操纵环境，这是依据经济规则而不是科学规则的说法。希克斯肯定的是，科学与技术并不是当前环境破坏的原因。何况在适当的使用之下，科学与技术可以提供脱离现有疾病的方法。工业的非人性化之副产品是人与人之间的非人性化。然而，涉及威胁人种生存的生态领域（ecosphere）则是一个问题。这个威胁在近年来已变得更加严重，因为它同时关联到加速的工业需求与快速的人口成长。就土壤肥力与食物生产来说，景况无疑是暗淡的，但经济哲学上的改变将停止甚至反转这种趋势。在大气与大地之间，围绕着地球的气体

---

① Hsin-Hsun Hunag, Hsin-Huang Michael Hsiao, and Hsih-Jung Hsu, "Taiwan's Land Use after World War II: An Ecological Modernization Approach," in Ts'ui-jung Liu and James Beattie（eds.）, *Environment, Modernization and Development in East Asia: Perspectives from Environmental History*（Hampshire, England and New York, USA: Palgrave Macmillan, 2006）, pp. 223-250.

状外壳与固体球面之间是生物圈（biosphere），由生物体（biomass）所占据。这个生命层，包括我们的身体，存在于大气层与地球固态和水面表层之间。生物体有能力从光源接收太阳能。这种能源是生存的基本来源。光源是生命的关键。在地表上的最终阶段发生在土壤中，它并不是无生命的一团植物滋养物，而是生物圈中一个复杂的小天地，绿色植物把它们的根伸入其中，吸收生命循环最后分解的产物。这些深入土壤的根与土壤中的微小有机体共享它们的作用，反之亦然。一个生态系统有其本身的新陈代谢。如果在一个自然生态系统中，植物、动物与微生物之间存在着平衡，那么在系统中就会有能源的平衡移转。循环由一连串的分解来完成。这些循环是有效率的，但是如果有毒的物质被引进，将有危险的后果。由植物和动物所吸收的有毒物将展开一个步步为营的食物链。我们的农业祖先早就认识到人和动物的排泄物以及农业废弃物具有肥料的性质。这是实际经验的观察而不是生态系统的发现。在20世纪，农业科学家坚持强调，可溶解的化学肥料是农业的基础。当集水区的森林被砍伐或自然的草原因过度放牧而降低了土壤保留水量的能力，水就往下流到河川，形成浸蚀的溪谷。沉积的负担与浸蚀的土壤，最后可能在河床上造成沉积，在大雨时可能造成水灾。希克斯认为，主要的生态问题是食物生产循环。重建和维持这个循环是人类生存的问题。用下水道排水沟让混合的有机废弃物回归到田地，则可以把污染变成繁荣，只要田地本身被当作生态系

统的一部分。[①]

三、 农业

艾格（W. Neil Adger）与布朗（Katrina Brown）在探讨土地利用与全球变暖的书中指出，大气层温室气体集中所导致的全球变暖有其人为活动的根源。自然的温室效应使地球保持暖和，但人类活动促进这种温室效应，结果使地球表面更加温暖。人为活动的主要增温原因是为取得能源燃烧化石燃料，但土地利用及其改变也是温室气体集中增加的来源。土地利用由一些环境因素，诸如土壤、气候和植被所决定，但在经济生产中，它也由其他典型的生产要素——劳力与资本——所决定。于是，在近代历史上，土地未受到人类干扰的情形是少见的，而人类的土地利用则成为土地改变的最基本决定因素。

土地在增加温室效应中所扮演的角色是一个极重要的政治问题。土地是主要的经济资源，也是依地理条件而界定的权力与影响力的来源。在 1992 年召开的联合国环境与发展会议（the UN Conference on Environment and Development）上，与会的 160 多个国家共同签订了《气候变化框架公约》（*Framework Convention on Climate Change*）。这个公约接受

---

① Sir Cedric Stanton Hicks, *Man and Natural Resources: An Agricultural Perspective* (London: Croom Helm, 1975), pp. 1 - 120.

气候变迁将对不同的国家造成不同程度的冲击，而每一个国家有共同但分歧的责任，以面对目前与未来应采取的行动来增进碳储槽。土地利用及其改变的主要决定因素是物质的、气候的与人口的因素，贫穷的程度，以及资源利用的经济与制度结构。经济因素包括对基本货品如农产品与林产品的需求。制度的因素除支撑这些交易的系统外，也决定了利用资源的系统。

艾格与布朗在结论中指出，设计一套土地利用的策略以减少温室气体排放是可能的。这些策略必须是技术上和经济上可行的，虽然现行政策的失败可能会不利于这些策略的执行。这些扭曲必须加以改正，以保证更永续的土地利用可以实现，以使温室效应和其他种类的环境恶化可以最小化。不同土地利用的决策难免会涉及各种交易的可能，而经济分析可以有助于评估不同政策的效用。以全球变暖来看，在目前与将来的福祉之间的交易可能是必需的，而这些决策可能是政治家最难做到的。在土地利用部门，许多减少温室气体排放的可能性是双赢的政策，可能带来更多的效益。一个例子是保育现有的森林相对于新的造林计划将更有吸引力，尤其是在发展中国家，那里的环境与发展间的矛盾可能更加尖锐。[①]

1998 年，吉维尔（Philip Kivell）、罗伯特（Peter Roberts）与瓦尔克（Gordon P. Walker）主编出版了有关环

---

① W. Neil Adger and Katrina Brown, *Land Use and the Causes of Global Warming* (Chichester: John Wiley & Sons, 1994), pp. 3 - 4, 237.

境、计划与土地利用的论文集。他们指出，超越广义的永续发展语词，学术专家与从业人员都面对着一个主要的挑战，就是如何最好地去分析、设计与执行对环境、经济、社会与政治问题所提出的解决办法，这些在东方和西方都是共同的，并从个人对这些问题的反应中学习，以便有助于建立一个专业知识库，提供助力以继续产生集体的反应。这些关于解释与解决方式的研究，加上经验交换的价值有助于界定本书的基本目标。值得注意的是，相同或相似问题的发生几乎毫未顾及特殊的环境特征或政治体制。这种巧合的出现，让界定和检验其他解决方式得以进行。虽然有理由论述在某一个地方所发生的一系列特殊问题可以被认为是独特的，同样有理由说，对一个地方有价值的教训可以再移转到其他地方并得到认可。边做边学是重要的，也可以透过转移一个已证实的经验而避免昂贵的错误。这本论文集包含六个主题：（1）空间的视角：空间视角在环境与土地利用上较一般的结构、功能与时间关注中增加了一个常被忽略的视角；（2）由社会-政治结构运用于环境与土地利用的事物；（3）如何对环境条件及其他永续发展的因素进行冲量和评估实际的或计划的改变；（4）鼓励采用计划与环境管理系统的优点，同时包含了由上而下与由下而上的视角；（5）发展方法与政策体系分析的重要性：基于对所有与计划、环境和土地利用有关的关键因素做全盘的观察；（6）跨国家与跨文化的研究：最明显的一些例子是与各种污染源相关的跨边界效用，以及把

污染后果移转到邻近的国家。①

1999年，沃克（Gordon Walker）、普拉特（Derek Pratts）与巴洛（Mark Barlow）以英国的政策与实施来探讨土地计划的环境风险。他们指出，当前的环境议程围绕着风险问题。许多有问题的环境与社会都已经被认为是在它们的核心已有主要的风险困境。土地利用计划在一些公共政策中扮演着管理环境风险的角色。计划与风险管理有关，因为典型的环境风险有空间的后果。就简化的风险管理过程模型来说，土地利用计划的角色可说是具有风险评价与风险控制双重性。风险管理的头两个阶段（认定与估计）提供了以科学方法取得的讯息，以便进行更为政治性的步骤来决定风险（评估）的可接受度与适当的行动来控制风险。这样的决定可能是很有问题的，因为需要应付常常是不确定的科学家与一般大众对风险的看法，而且很难在风险与其他的计划关注之间取得平衡。

自1970年代初以来，土地利用计划就逐渐注意到大范围的污染与环境的风险关注，认识到它在决定风险来源与潜在的牺牲者之间的空间关系，它对于停止或修正新发展所具有的本质上的预防力量，以及相较于其他的污染与风险控制领域，它对公共参与的开放程度。例如，废弃物处理在新兴立法和政策指导下，可以控制风险来源的地点。

① Philip Kivell, Peter Roberts, and Gordon P. Walker（eds.）, *Environment, Planning and Land Use*（Aldershot, England: Ashgate Publishing Ltd, 1998, Reprinted 1999）, pp. 1–3.

在焚化废弃物的情形下，虽然冲击和排放的潜在风险一直是污染管制部门的责任，地方计划部门可以考虑累积排放的冲击，将焚化厂建在靠近其他污染源的地点。同样的，在掩埋废弃物的情况下，环境局已掌握废弃物处理规则，非都会区的地方环境部门现在已经进一步准备地方的计划，确定现有与未来的废弃物处理机构的地点。土地利用计划所涉及的另一个要点是控制有风险的人口集中的地方。以核能电厂所在地来说，在危险区域（hazard zones）内需要考虑一般民众的风险，已经是立法的特色。最少发展的干预项目是关于提供保护给有风险的人口和环境，这些在风险来源之外。这个次要角色一部分反映了办法的范围有限，以及政策只聚焦于预防和"污染者付费"的方法。这本书的个案研究包括重要的工业意外事故与土地污染。结论指出，重要的是，不要过度强调计划制度在反映新环境主义方面的重要性。在环境风险管理上，计划的角色有一些限制，而且复杂性可以使政策和做决策远远不是直截了当的。这些限制和复杂性一部分来自土地利用计划的干预措施，一部分由于环境风险的不确定科学认识，也有一部分来自土地计划投入风险管理时，不充分的政策、制度与资源架构。①

　　在 2007 年，维德格伦（Mats Widgren）于讨论殖民地

---

① Gordon Walker, Derek Pratts and Mark Barlow, "Risk, environment and land use planning: an evaluation of policy and practice in the UK," in Philip Kivell, Peter Roberts and Gordon Walker (eds.), *Environment, Planning and Land Use* (Aldershot, England: Ashgate Publishing Ltd, 1998, Reprinted 1999), pp. 100-117.

前的《土地资本》("Landseque Capital")一文中指出,"土地资本"一词由澳大利亚地理学家布鲁克菲尔德（Harold Brookfield）于 1984 年提出,用于描述一种"一旦被创造后只需要加以维护"（once created persists with the need only of maintenance）的创新形式。后来在 1987 年,此词被更严格地定义为"具有预期生命超乎现有作物或作物周期的任何土地投资"（any investment in land with an anticipated life well beyond that of the present crop, or crop cycle）。2001 年,布鲁克菲尔德在指出此词的起源时说,此词是在农业经济学中发展起来的,但他不记得在 1984 年第一次使用时是从何处借用的。他说:"在广泛的文化生态学领域中,此词常被归属于我,但很不幸的是我不能宣称有这个功劳。"他说,他找得到的最早文献是 1960 年沈恩（Amartya Sen）讨论农业技术的书。然而,布鲁克菲尔德使用此词并不是直接来自沈恩的作品。

维德格伦指出,相较于二十几年前,我们现在掌握了更详细的殖民地前的"土地资本"在全球的分布。在北美和非洲,确实有丰富的梯田农业和灌溉系统,以及使用不同形式的丘陵、山脊等等的农作系统。然而,相较于安第斯山脉（Andes）与北美洲西南部的边缘,在北美与撒哈拉以南的非洲,劳力和资本密集的农业仍然不是很重要。在全球规模下,最显著的差异是亚洲与其他大陆的差异。因此我们可以综合地说,现有的证据呈现一种梯度的形式:从密集耕作的亚洲,到中美洲与安第斯山脉的灌溉与梯田,

再到北美洲、亚马孙与撒哈拉以南的非洲所呈现的较分散的、刚出现的密集农业。"土地资本"的历史地理与有关农业密集化的长期讨论有一部分互相平行。即使并不是常被框在"土地资本"的观念下来讨论，但无疑可以说"土地资本"有其自己的历史。

维德格伦在结论中指出，从一个历史学者的角度来看，某一种农业地景可能透过某一个酋邦或帝国的特定时期来加以了解。但在大多数的情形下，农地、梯田与灌溉系统在该时期之后仍然继续扮演着它们的角色，它们也常常会有先前的阶段，不是被视为在特定时间上的一个特殊的社会情境。"土地资本"是被合并在土地之中，因此它的空间特性较其年代指标更加明显。不像货币资本在空间上流动而在时间上固定，"土地资本"可以更好地理解为是在空间上固定而在时间上流动。此外，资本密集的土地利用体系并不只是基于相干的物质结构，它们通常是在相干的小区中表现着不断学习的过程。因此，"土地资本"的空间固定性不仅是一个物质结构的问题，它也涉及在某一地区地方上农业知识系统的发展、灌溉、气候、作物等等。因此，在"土地资本"与阶层性的政治和经济结构之间给了太紧密的联结是值得怀疑的。社会的政治经济是要有利于发展并维护对土地的投资，必须从另一个梯度来寻求。政治的不稳定，缺乏对劳力的社会控制，及农村不安全都是这个梯度的极端反面。可以肯定的一面是在政治、经济与社会条件下可以看到投资于土地是安全的，而且个人与小区能

够感知预期的回馈。[①]

关于中国农业史，王星光在 2012 年出版的《中国农史与环境史研究》中追溯自全新世暖期以来中国农业、农耕、作物、农具和技术的演变，与相关的环境问题。该书分为农业史研究与环境史研究两部分。在农业史部分探讨 14 个主题：太行山地区粟作农业的起源，新石器时代的粟稻混作区，裴李岗文化时期的农耕文明，耦耕问题，中国古代的中耕，中国牛车、马车的本土起源，洪水传说与大禹治水，《吕氏春秋》与农业灾害，《齐民要术》与商品生产，《齐民要术》与大豆种植及加工技术，刘淳《农病》探析，风能在中国古代农业中的利用，中国古代的花卉饮食，农业考古学在中国的创立及发展历程。在环境史部分也探讨 14 个主题：中国全新世大暖期与黄河中下游地区的农业文明，《夏小正》与夏代生态环境，商代的生态环境与农业发展，生态环境对先秦水井的影响，春秋战国时期国家间的灾害救助，《考工记》与临淄齐国都城，《说文解字·风部》对风的认识，1213 年"汴京大疫"辨析，明代黄河水患对生态环境的影响，吴其濬的治淮方略，历史时期的"黄河清"现象，中国古代生物质能源的类型和利用，中国古代的海溢灾害。王星光指出，农业是与生态环境关系最为密切的生产活动，在研究农业史的过程中很自然地关注到环

[①] Mats Widgren, "Precolonial Landseque Capital: A Global Perspective," in Alf Hornborg, J. R. McNeill and Joan Martinez-Alier (eds.), *Rethinking Environmental History* (Lanham: AltaMira Press, 2007), Chapter 3, pp. 61 - 77.

境问题。在长期的学术研习过程中，深切感悟到，研究农史离不开环境史，而环境史研究更能开阔历史学的研究天地，更能增进人们对自然与社会关系的认识，更能体现学者的人文关怀和史学的学术价值及社会价值。[①]

此外，2016 年王星光主编的《中国农史研究的新视野》是 2013 年在郑州大学举办的学术研讨会的论文结集。这本论文集除了一篇对于该次研讨会的综述外，包括三部分：中华农耕文化（11 篇）、农业科技史（12 篇）、环境与农业历史（18 篇）。王星光在《环境视野下的大禹治水与农业发展略论》中，运用考古发现的资料与历史文献探讨三个主题：环境考古与大禹治水事件的契合，黄河洪水和大禹治水的环境考古，大禹治水"纸上之材料"与"地下之新材料"的相互印证。他在结论中说："大禹治水是新石器时代末期环境变迁的重大事件，由于治水成功，水土得以平定，农业得以恢复和发展。并且，在治理洪水的宏大事业中，加强了各部落联盟的联系和协作，而且也需要强有力的统一领导，原来以血缘关系为纽带的氏族部落被以行政区划分的九州岛所代替。也由于治水任务职责的重大和时间的紧迫而赋予治水领导者至高无上的权力，这都促成了国家的产生。"[②]

在林业方面，威廉斯（Michael Williams）在 2003 年出

---

① 王星光，《中国农史与环境史研究》（郑州：大象出版社，2012），301 页。
② 王星光（主编），《中国农史研究的新视野》（北京：科学出版社，2015），464 页；王星光的论文在页 239—248。

版的书详细讨论了地球上森林的砍伐。该书以 13 章的篇幅分别陈述全球各地自古以来的森林砍伐及其相关议题。其论述范围广阔，在此稍做详细介绍。威廉斯指出，森林砍伐是一种激烈的地理现象，但也是一种不言自明的历史过程。人类砍伐森林造成看得见的生物地景改变，造成人类周遭的新世界，从而改变了地球的面貌。地球上现代森林的起源可以上溯至 10 000 年前冰河期结束。森林的历史需要借助于花粉分析（pollen analysis）与放射性碳测年（radiocarbon dating）。配备着这些技术，到 1980 年代，学者们已累积了足够的资料以探讨各地区森林分布与变化。例如，在欧洲，罕特利（Brian Huntley）与伯克（Harry Birks）收集了 843 个地点的花粉化石（fossil-pollen）数据以分析过去 13 000 年的植被变化。在北美，保罗·德尔古（Paul Delcourt）与海柔尔·德尔古（Hazel Delcourt）以 162 个地点的资料呈现40 000 年来的北美东部的主要生物群落。在热带地区，自1950 年代以来已累积了较多的花粉资料，与非洲的数据配合起来显示了干旱被湿度增加所取代，高温取代了低温。这种气候变化让热带地区的森林扩展，但在低纬度地区较不稳定，可能是因 3000—4000 年前的气候恶化导致干旱增加。至于人类的影响，随着森林的变化，人类到新形成的植被上营生，搜集食物、火耕、狩猎、选择品种、翻开土壤、施肥，在这操作生物系（biota）的过程中，有些树种被移开、繁殖或淘汰，正如它们受到气候影响一样。于是，在过去 6000 年，许多植被的变化反映了对人类干扰的适

应，带来了人口密度的增加和扩展、火的利用、技术的改进、种植外来的植物以及引进动物的牧养。总之，除了自然的气候变化所引致的改变之外，人类的冲击发生得早、广泛而且重要，世界上的森林也随之改变。

农业及其相伴的畜牧业对世界的森林造成最大、最长久的影响，因为它导致用一种植被取代另一种。在公元前4000年末期，犁和其他翻土工具的出现，标志着清除地表的一个重要转折。此外，在旧世界，有一些内建的反馈环节，主要是推动那些拖曳和原料操控的环节，产生深远的效应。由于植物驯化过程的普遍存在与复杂，现在的看法是农业中心是多样而广布的，并不是像柴尔德（Gordon Childe）在他的河边绿洲理论（riverine-oasis thesis）中所说的，只有一个中东温床（hearth）。1855年，堪多斯（Alphonse de Candolles）主张农业起源于三个地区：中国、亚洲西南部（包括埃及）和热带美洲。到了1926年，瓦维洛夫（Nikolai Vavilov）把这些地区扩大至八个各自独立的驯化温床（hearths of domestication）。他认为，今天有最多食用植物品种的地区可能就是最早驯化植物的地区，但他除了说增加的人口需要更多的食物以外，未能证明植物驯化何时发生与如何发生。到了1980年代末，辩论仍未停止。在麦克尼什（Richard S. MacNeish）于1992年出版的书（*The Origins of Agriculture and Settled Life*）中，才对近年发现的证据提出最全盘且彻底的回顾。麦克尼什提出一个复杂的解释模型，称之为初级、次级和三级的三线性发展理论

（Trilinear theory of primary, secondary, and tertiary development）。在这个架构中，有四个初级的中心（近东、远东、中美和南美安地斯地区）。要言之，植物驯化的过程是长期而渐进的；有多个起源地和多条改变的途径；与农作创新的平行原则并未相伴同时发展；文化/经济的变迁在全世界并不是与年代次序的改变同时。驯化是农业和定居生活的开始，仅次于用火，它是人类事务上第二次重要的文化革命并为人类对森林的攻势拉开序幕。除了细述自新石器时代以来欧洲和美洲的森林砍伐外，该书也讨论远东中部地区，尤其是中国的情形。

威廉斯说，欧洲的实证相当清楚，但中国的情形在明代以前则真是"不明"。中国在北宋时期的经济扩展导致大量的城市出现，当时的欧洲世界是没有其对手的。尽管如此，这个成功时期所累积的证据却指向中国自1400年至19世纪中叶的严重能源危机，而从矮小灌木、草原和树叶中扫除可燃物是中国农人主要的工作。比较欧洲和中国森林砍伐的历史，很清楚的是，中国的人口压力与不变的依赖农业为生导致了过度的土地利用，无论是牧场或森林。对占压倒性多数的农人来说，没有其他的选择，而是改变和操作自然以求自己的生存，并且在几个世纪中改变和破坏他们的环境，规模更大于世界其他部分。在另一方面，欧洲打破了它生活的恶性循环，当它可以将手伸向并储存更广大世界的资源。

在15世纪结束前，欧洲爬出瘟疫和不景气的低谷，准

备长期的经济发展，也许可以说是今日所谓全球化的开始。两种主要的行动改变了森林：其一，密集土地利用的核心（通常是城市）兴起了，尤其是向海上发展的西欧资本主义国家；其二，核心的国家扩展它们的影响力到大陆边界之外，并利用全球的边区。在 1500—1750 年间，引导欧洲社会改变的力量可以方便地说是：发现、技术、现代性和优势。这四个力量并不是各自独立、有清楚界线的。1500 年以后，欧洲的影响力扩展到全球，而这并不表示欧洲大陆的森林未受到影响。在 16 世纪以前，欧洲大部分地区覆盖着阔叶的落叶林。在 17 世纪末，英格兰和威尔士的土地只有 7.7％覆盖着森林，苏格兰可能更少，而爱尔兰仍有12％。在荷兰差不多没有，法国北部有 16.3％，在普鲁士，甚至到 18 世纪末仍有 40％。总之，欧洲的农业地景在1750 年以前经历了很大的变化，而且与 16 世纪初不同。木材主要用于燃料、制木炭和冶铁，还有造船。在 15—16 世纪，威尼斯必须面对造船木材供应减少的问题，从而开始了最早的森林保育办法。在英国，适当地作业森林也随着冶铁业发生。矮林作业与轮作扩展到维持稳定的燃料供应的程度。

与欧洲人在海外冒险的故事相较，在北美的定居表现出许多新特征，对森林有深刻的影响。美洲未开垦地的一个独特文化就涉及森林，产生了自中世纪以来世界上最大的森林地景转型。在 18 世纪末，很可能已有 812 万英亩的林地被砍伐，此数大于当时开垦为农地的面积。商业用的

森林难以估计，但合起来可能在 18 世纪中叶达到森林资源开采的 10%。至于中国的情形，由于缺乏日常农业生活数据，很难与欧洲做比较。但相关的研究，如濮培德（Peter C. Perdue）的书（*Exhausting the Earth: State and Peasant in Hunan, 1500 –1850*）指出，在明代和清初由于国家鼓励人口迁移，伐林大量发生。又如孟泽斯（Nicholas K. Menzies）的书（*Forest and Land Management in Imperial China*）也指出，收集野草、落叶和其他可燃物是中国农民至今的主要工作。一般的结论是，中国人在 17—18 世纪已无情地几乎完全砍伐了他们土地上的森林。在鲜明的对比下，日本则是今日世界上森林最茂密的国家之一。日本人口由 1600 年的 1200 万增加到 1720 年的 2600 万；而在同一时期，已耕地由 149 万公顷增至 294 万公顷。大约在 1660 年以后，伐木企业兴起，以供应日益复杂的城市市场所需的木材。幸运的是，日本不像中国那样有人口压力与随之而来的移民开垦。在 18 世纪则出现有目标的规章、造林学和种植，在亚洲史无前例，而且可能在世界其他地方也无前例。大约在 18 世纪中叶，即将发生在 19 世纪到 20 世纪初的全球森林砍伐轮廓已可识别。中国和程度较轻的欧洲南部与西部之林储量几乎破产，日本开始扣人心弦的森林保育实验，北欧则仍然是一个可供应的大蓄积。美洲则开始进行将使大陆转变的森林大清除，一如欧洲殖民者在各地所为。在热带地区，欧洲不断的轻微影响立即增加，虽不如在温带地区定居的影响那么明显，但也将会有显著的效果。世界

的森林生物群落已变得不可挽回。

　　当欧洲的工业技术与欧洲的帝国主义领土野心互动，19 世纪见证了世界上前所未有的植被改变。但与此前的时期相较，19 世纪欧洲把注意力集中在热带世界，尤其是非洲和亚洲。在这些新的热带领土中有两个覆盖性的问题使政治控制与殖民相当困难：在非洲，疾病是一个主要的障碍，在亚洲轻一些；亚洲的主要障碍是绝对大量的人数与预先存在的政治体系拒绝改变。自 1900 年至 1950 年代初，在相关的反省与调整中，有很多是关于地球上关键的资源，尤其是土地、木材、土壤和水的限度、可用性和所有权的问题。这导致对于保育的寻求，而对生态的关注也在论述中出现。对生态的思考融合了对资源及其稀有性的思考，借着形成一个脉络链接和整体的生物学，它可以改善土地与社会间的关系。这两种关注共有的特征是从地方和地区的思考转向更全球性的观点，而早先对帝国角色的礼让与正义的假设则受到质疑。

　　对于自然资源的关注并不是新事，但区别世纪之交与先前的观察主要在于开发愈来愈遍及全世界并且有害。生态的复杂理念连贯了许多叙述。最明显的表现是生物学中克莱门茨的生态高潮均衡概念（ecological climax-equilibrium concept），这个概念隐含着一种稳定状态、稳定性、互动社群及无变化；这令人胆寒，因为它反映较早和较晚的社会状态想必是更稳定而令人愉快的。李奥波（Aldo Leopold）的土地伦理则为这个生态的神秘性增添了另一个层次。在

沙尘暴时代（1930年代），美国大平原的破坏与华尔街崩盘似乎都指涉同一件事，也就是需要支撑社会及其环境处于稳定平衡。生态是资源利用与环境管理时代的一个观念贡献。欧洲许多国家早就面临没有足够的木材可用的问题，借着取得殖民地的供应或建立造林的复杂体系来克服。但是当木材荒的幽灵袭击美国，缺乏的问题变得紧急而且重要。木材成为一个关键的资源问题，而且它充满各种环境的含义。到了20世纪中叶，世界上的森林大致分为两种：一种是小心管理的森林，为了生产与/或保护，以及休闲，虽然不知不觉地牺牲了它们的多样性与生态的发育能力；另一种是林木被劈开和砍倒以形成种植食物的土地或提供现金收入的来源。在所有发达国家中，只有美国还有丰富的木材资源，但在20世纪中叶，已经不足，再考虑到其他问题而不单是木材供应，就开始转变整个森林砍伐的思路。据相关的数据，可以说1950—1980年间，热带地区有31 800万公顷的森林消失，另有1100万公顷森林在中国消失。在温带地区的发达国家森林减少700万公顷，苏联是1100万公顷，太平洋国家是1200万公顷。但美国和欧洲分别增加300万和1300万公顷，所以森林面积基本上维持不变。因此，全球总计是有33 600万公顷森林消失，大多数的清除是由于耕地扩大，有一些则改为牧场。自1980年以来伐林加速，因而另有22 000万公顷被砍掉，每年约150万公顷。要之，在半个世纪中，大约有55 500万公顷的森林消失了，而且似乎毫无止境。

　　驱策现有森林改变的力量以及与之相伴的气候变化可以综合为三个主要的层面：原因（cause）、关注（concern）、标度（calibration）。首先，为什么"大屠杀"（The Great Onslaught）会发生呢？这个问题的答案在于 1945 年以来发生的政治、经济、技术与人口变化，这些都包含在全球体系下的贸易、商业与权力之中。国家本身的解释愈来愈不足，而唯一可以解释这些事实的是全球观点。其次，森林砍伐如何并且为何从一个国家的关注变成一个全球的环境危机呢？传统对于消失中的木材供应、缺乏自足以及土地不稳定的关注，几乎完全只限于已开发的世界，但已开始被新的、意义更广的关注所取代，这些关注涉及有害的气候变迁、海平面上升，以及生物多样性消失，尤其影响到发展中国家。最后，如何衡量改变，有多正确呢？这些对于森林破坏互相纠结的原因、关注和衡量标度形成了当前热带地区森林砍伐故事的基本背景。

　　广义而言，森林砍伐与四个动机或力量有关，而它们以各种组合造成森林清除。（1）与农业扩展和人口增加/再定居有关，这可能是有计划的或自发的殖民安排，出现在各地，特别重要的是在亚马孙流域、印度尼西亚（Indonesia）和马来西亚（Malaysia）。（2）畜牧发展在中美洲和南美洲很重要。（3）燃料用木材的搜集，在非洲最重要，印度次之。（4）砍伐原木在南亚和东亚值得重视，但在非洲西部的重要性正在减小。

　　威廉斯在结论中指出，对于未来有一些事是确定的。世

界人口将继续增加，而在不同的假设下，将在 2100 年达到 90 亿至 100 亿。这些比现在多出 30 亿或 40 亿的人将分布在发展中国家，主要是在热带森林地区。不可思议的是，他们将不会用更少的土地来生产食物，除非有基因改造高产量食物的奇迹来拯救他们。简单地说，森林砍伐的一个主要驱策力（人口压力）将持续不减，而耕种始终是森林最大的吞噬者，更多土地将被破坏。同样，世界上穷人所需的大量燃料用木材将继续维持。在更多人和对木材更大的需求之外，其他对森林的威胁也难以预测或防止。例如，在中欧和东欧大约有 70 000 至 100 000 平方公里的针叶林受到酸雨污染之害，有危险的数量可能有三倍之多。酸雨在加拿大以及美国东北部、阿巴拉契亚山脉及加州海岸山脉，也都愈来愈明显；在中国、马来西亚和巴西也都曾监测到。世界森林储量的减少曾用造林来应对，但难以确定这种实作的范围。在许多国家，森林砍伐常被掩饰或低估，造林则被公开、夸大，并被乐观地估计为一种正面而可欲的公共工程计划的一部分。此外，有许多已种下的树并未存活。在森林砍伐危机中一个可能的减缓因素，是建立一个国际的种树倡议以隔绝碳或补充全球减少排放二氧化碳的努力。虽然这种计划不是一个永久的解决方法，但它可以换得五十年的时间，让树长大并用尽二氧化碳，而社会或可以发展出代替现有石化燃料的其他选择。从反省的方式来看，在所有的社会与经济的复杂动态中，过去森林砍伐之原因与性质对现在的过程则有相当多的启示。例如，我们一再看到，在任何时间造成森

林砍伐的潜在的社会、经济和政治组成；然而，把森林砍伐纳入控制的是什么，我们所知甚少。我们需要的是政府能够强大到足以多方面地听取民众的关注。森林砍伐不再只是一个纯粹的经济问题，因为它也快速成为综合着人道关怀与长期环境伦理的问题。除非森林被认为是"神圣的"，或被购买来加以保护，森林的永续性将继续消失。过去很清楚地告诉我们，地表覆盖的转变与破坏过程是永远不会终止的。[①]

　　关于台湾林业已有不少研究，在此举两个例子。陈国栋曾探讨约 1600—1976 年间台湾的非拓垦性伐林。他首先讨论清领时期（1683—1895）的森林问题，就非拓垦性伐林而言，在山区并不很严重，当时台湾居民只追寻低海拔的树种和森林副产品，虽然原无保育之目的，森林却因而保存得相当不错。接着讨论日据时期的伐木事业，详列了主要林场的伐木数量，以 1934 年的估计来看，伐林面积约占全部林野面积的 0.51%。至于在台湾光复后，由于伐木工具和运输工具的改善，加上木材大量出口，台湾的森林面积在 1954—1972 年有相当大的损失。但在台湾经济工业化以后，不再依赖农林部门赚取外汇，伐林速度自 1972 年开始减缓。[②]

　　王鸿浚与张雅绵的《1922 无尽藏的大发现：哈仑百年林业史》讲述了 1922 年以来花莲木瓜山的林业。哈仑

---

① Michael Williams, *Deforesting the Earth* (Chicago and London: The University of Chicago Press, 2003), 578 pages.
② 陈国栋，《台湾的非拓垦性伐林（约 1600—1976）》，收入刘翠溶、伊懋可（主编），《积渐所至：中国环境史论文集》，页 1017—1061。

（Haron），在泰雅人东赛德克族群语中意是"带有油脂而易燃的木材"，指涉的是木瓜山区盛产红桧、扁柏。全书分为八章。第一章"溯源与诞生"，讨论清末的土地丈量，以及日据时期的林野调查（1910—1915）、林野整理（1915—1925）、森林计划事业（1925—1940）。第二章"无尽藏"，讨论木瓜山的发现、木瓜山调查（1911—1913）、森林计划事业（1929—1935，1939—1945）。第三章"厚生利用"，讨论花莲港木材株式会社来台前期的营运状况、木瓜山林场的开发与建设（1931—1945）、运材系统建设（1934年完工）。第四章"木瓜山林场"，讨论花莲县政府代管与县营时期（1946—1958）和台湾省林产管理局经营时期（1958—1960）。第五章"最后十里"，讨论哈仑工作站、山地运材轨道与架索道、森林防火。第六章"改颜换面"，讨论砍伐到保育、林业政策大转向、重建木瓜山、池内森林游乐区。第七章"再见哈仑"，讨论哈仑工作站裁撤、哈仑山地据点、平地林业据点。第八章"哈仑再现"，讨论森林经营新纪元、环教场域模范生。本书的最大特点是提供许多图片来呈现林业的实景和故事。[1]

在渔业方面，穆盛博（Micah S. Muscolino）2009年探讨渔业战争与环境变迁的专书指出，中国渔场的耗竭正如其他环境问题一样，与全球生态转变互相交错。近年来，海洋生物多样性的加速损失已把世界渔业带到危机状态。穆盛博

---

[1] 王鸿浚、张雅绵，《1922无尽藏的大发现：哈仑百年林业史》（花莲：农业委员会花莲林区管理处，2016），261页。

以六章的篇幅探讨人们如何控制舟山群岛渔业及其结果，分析为控制共有的自然资源而出现的一系列私人和国家的利益。第一章讨论舟山群岛的自然环境与渔业组织。在清代，中国不断增加的人口迁移到未开发地区以维持生计。无论是在陆地或海洋，这些移民的活动都带来可见的环境后果。在18、19世纪来到舟山群岛从事渔业的移民，在借贷关系之下使经济和环境的周期同时发生，但如果没有规范，毫无制约的竞争和暴力将威胁这项收入的来源。第二章讨论组织同乡渔业团体以对抗竞争并避免冲突。这些团体与民间信仰密不可分。在清代，当人类给舟山群岛渔场增加压力时，同乡团体建立了社会制度来协调利用共有的海洋资源，并借以减少暴力争执所引起的代价。管理舟山群岛渔业的规章通过分配稀有资源的使用、限制对渔场的争夺以维持利润。但非官方的安排则并未限制对环境有害的渔具或维持渔获量于可永续的水平。全世界由渔业社团所设计的制度已经证实，在共有资源的利用上，这些制度安排在解决争执方面远胜于避免过度利用。第三章讨论1904—1929年间的渔业扩张与改革。20世纪初的经济趋势把舟山海洋生态与主要都市的消费中心更紧密联结，有助于舟山渔业的发展，也给自然环境增加压力。与上海及长江下游和东南沿海其他都市的经济整合，使小规模的生产者从渔获取得更大利润，并加强了他们开发海洋环境的能力。信用网络的扩张是生态变迁的驱动力，使资本不足的渔业能够加速撷取资源。但20世纪初期中国渔业专家发动的计划事实上并未取得实质的成果。民国初期的政

府基本上缺乏必要的资金或行政能力来把改革的理想付诸实行。第四章讨论第一期的渔业战争。自 1920 年代中期以后，舟山群岛渔场持续扩张和日本渔船在东海过度捕捞黄鱼，把竞争扩大到外海的渔场。不同的是，日本渔业生产者较其中国对手有更大的能力以更大的规模来施行生态破坏。在当时中日两国的紧张关系下，毫不意外的是，渔业纷争不是用协商来解决而是诉诸对抗。中日间不对等的关系使得南京政府无法把日本渔船逐出中国渔船经常造访的渔场。此外，在各地方团体互竞的情况下，也加重了对海洋环境的开发。第五章讨论第二期的渔业战争。基本上，1930 年代初期引进以竹篓捕乌贼的技术，导致冲突，并且使舟山群岛共有资源的问题趋于恶化。使用渔网和竹篓的渔民之间不断争执，反映了自然、社会和政治问题的纷扰交错。第六章讨论第三期的渔业战争。在 1930 年代，渔场的变化促使浙江渔船进入江苏界内的舟山群岛海域捕鱼，从而造成两省向渔船征税的争执。由此看来，海洋环境的变化提供了政治对抗的舞台。然而，江浙两省争执的直接原因是政府致力于向社会各阶层增加税收。对手之间意见纵有分歧，所有的竞争者却都倾向有效利用自然资源的发展策略。为增加税收，政府官员并无限制渔获量的动机。最后，战争虽重创了中国的自然景观，却给鱼群生态一次短暂生息的机会。结论指出，今日，政府终于承认其渔场已过度开发。官方开始保护已受威胁的鱼群，通过对船只和渔具数量的限制以提倡永续发展。取代捕鱼，渔业现在注重养殖，但养殖业所用的肥料和饲料也污染了海

洋。政府鼓励渔民改行，但 1980 年代鱼价的高涨又促使沿海居民从事非法的捕鱼活动。地方官员为了财政收入也对这些非法活动给予"保护"。如同国民政府一样，当代中国政府一直想借着科技专家和官方规章来解决环境问题。这些由上而下的措施忽视了民间对环境变迁已发展出具有创意的适应方式。当然，这些生态策略也有其限制，但如果能够体认这些既有的社会习惯，并把它们导向更永续的方向，政府的环境政策也许可以更有效。①

另外，李玉尚在 2011 年出版的《海有丰歉》，探讨1368—1958 年间黄渤海的鱼类与环境变迁。他在导论中说，影响海洋生物种群结构或某种鱼类资源数量变化的原因，基本上有三方面：人为因素的影响，自然环境的变化，生物群体自身的变化。他写这本书的目标是通过海洋鱼类的变迁，来反映自然环境和社会制度的变化，以及两者之间的交互作用。该书除导论和结论外，包括 12 章。第一章陈述自明代至 1950 年代的水产制度与渔业资源。在清末以前，海洋渔业对国家财政收入无关紧要，但清末之后，面临推动现代化的资金压力，国家开始试图垄断渔业。第二章讨论 1950—1965 年间山东牟平与蓬莱海洋鱼类种群的变动。这期间海洋鱼类产量和结构的变化受到人为和自然环境双重的影响。第三章讨论海盐供应与渔业资源。虽然 1824 年登州渔民就开

---

① Micah S. Muscolino, *Fishing War and Environmental Change in Late Imperial and Modern China*, Harvard East Asian Monograph 325(Cambridge, Mass.: Harvard University Asia Center, 2009),286 pages.

始用来自辽东的海盐腌渍鱼虾，但直到1930年代并无缺盐的问题。1950年代国家对海盐供应充足，解决了渔业加工与海盐供应间的矛盾。第四章讨论明清以来黄渤海的动物种群结构。详细讨论大中小型的各种鱼类及数量的变化。第五章探讨明清以来渔期之变化。分别就山东、河北、辽宁的情形和不同种类的鱼群来讨论渔期。明清时期，黄渤海渔民捕捞的汛期主要是在阴历三至五月。民国以后由于渔轮的使用、捕捞技术的提高及对鱼群和渔场深入了解，捕捞汛期得以延长。另外，两次气候突变，对于捕捞的鱼种和汛期也有影响。第六章讨论明代黄渤海和朝鲜东部沿海鲱鱼资源数量的变动及原因。在明代，对马海峡暖流是影响东朝鲜鱼群的关键因素之一，对马暖流的强弱与黄海鱼群丰歉没有相关性，但气候变化（如明末清初的严寒）是影响黄海鱼群的重要因子。第七章讨论1600年之后鲱鱼的旺发及其生态影响。明末清初的持续寒冷造成黄海鲱鱼的旺产，引起海蜇分布区南移。同时，鲸鱼数量增多。鲱鱼旺发导致沿海区的移民潮。第八章探讨黄海鲱鱼的丰歉与1816年之后的气候突变。根据文献资料，在1816—1853年间的寒冷期，鲱鱼的分布出现在滦河口地区；但自1854年，海水温度开始上升，1875年上升更加剧烈，造成光绪初年的大旱灾。随着海水温度上升，1884年黄海鲱鱼消失。第九章讨论明清以来黄海鲱鱼资源数量与温度变化之关系。在明清鲱鱼的三次旺发时期，因鱼数量众多和鱼龄差异较大，故鱼汛时间和1870年代的旺发期一致。在这种情况下，三月份海水表层温度的平均值成

为影响鲥鱼数量的主要环境因子。明清时期鲥鱼的旺发期都在气候突变期内，显示气候突变与鲥鱼大旺发有关。第十章讨论清代以来石首科鱼类的种群变动。清代地方文献记载，民众将石首称为小黄鱼。而以气象观测的资料加以分析，发现小黄鱼数量的变化主要与 18 世纪以来的降水量有关。第十一章讨论清代以来黄渤海真鲷资源的分布、开发与变迁。主要的论点有四：其一，清代对于鲷科三种鱼类的体征和分类已有准确的认识；其二，清代黄渤海的真鲷资源异常丰富；其三，清代登莱地区真鲷资源丰富的主因是明代以来海湾的真鲷资源一直未被开发；其四，真鲷作为一种底层鱼类，其资源亦受到明末清初和道光年间气候变寒的影响。第十二章讨论中小型河流与鱼类变动。以荣成的牛道河为例，可以看出虽是小河流，在整个生态系统中却有相当关键的作用。此外，本章也讨论香鱼、松江鲈、花鲈在其他河川的分布情形。在总结中，李玉尚指出，从人类利用的角度来看，明初以来影响黄渤海鱼类种群结构和资源数量变化的三个关键因素是气候、社会制度和陆上生态系统。透过鱼类变迁所反映的自然环境和社会制度的变化，可以发现中国历史的进程，既有社会与文化的原因，又受到环境剧变的影响。①

---

① 李玉尚，《海有丰歉：黄渤海的鱼类与环境变迁（1368—1958）》（上海：上海交通大学出版社，2011），416 页。

四、工业

1994 年，索科洛（Robert Socolow）讨论工业生态学（Industrial Ecology）的六个观点。"工业生态学"是用来同时指涉全球工业文明与自然环境的互动以及整体的机会，以使个别的工业转变它们与自然环境的关系。它的意旨在包含所有的产业活动，尤其是农业；兼顾生产与消费，以及在所有工业化水平上的国家经济。首先，从长期的可居住性来看，工业生态学涉及环境主义的不同层面，不是短期的痛苦而是长期的可居住性。在数量上，注意可居住性把关怀的时间延展到数十年，甚至一个世纪。这样的时间架构很少出现在地方和国家的环境规范体系中，但出现在最近提出的国际环境协议中，诸如气候和森林等方面。采用可居住性的架构，工业生态学是从全球变迁的研究中借用一个主要的观念并嵌入实用的领域，如工业发展与环境规范。相关的问题有三方面。第一，持久的化学性毒化。作为一个全球问题，虽然比气候改变较不为人熟知，毒化是环境丧失居住性的另一个化学途径。土壤毒化是一个关怀，食物链上层的毒化是另一个关怀，对人类环境直接的毒化而无中间的环境过程是第三个关怀。这些形式的毒化如无耐久的工业物质就不会发生，例如氯氟碳化物（chlorofluorocarbons，CFCs）。我们现在了解，耐久性是一把双面刃。第二，枯竭与物质的恶化。在热力学用语中，工业活动增加了地球的熵（entropy），使地方和地方之间愈来愈相像。一个小例外

是，人类的活动透过在一个垃圾场或掩埋场重新集中的因素而为未来的社会创造了新矿。第三，灭绝与生物的简单化。丧失栖息地主要是一个生物的问题。在此，更甚于化学的或物质的恶化，我们要面对物种消失的不可逆性。物种消失降低了生态系统的强壮程度。不像大多数化学的和物质的恶化，生态的恶化可以是突发的。当一个富有原生物种的生态系统因其边界被割裂或引进了远处的物种，它就会很快丧失它的独特性。居住性丧失何时可以反转呢？对于目前已被恶化和简化的生物多样生态系统而言，这个问题是很重要的。

再就全球范围来看，大多数重建工业过程的推动力一直来自对于地方的冲击：使一个工厂变成较好的邻居，遵守地方规定的排放规则，在"邻避症候群"（Not in My Back Yard, NIMBY）之下，来促进设备的安置。工业生态学透过询问从地方和区域产生的关怀来进一步合理化全球的关怀，为环境保护策略添加了一个不熟悉的，但新鲜的挑战。主要的观念不但在时间上而且在空间上扩展全球变迁的研究传统，探索两种全球体系：本质上大如地球的体系，以及小而随处可见的体系。全球变迁研究的较广泛架构可以包括随处可见的破坏，由随处存在的人类活动导致的结果，及其累积的遍及世界的重要效果。例如，在法典中被接受的将是考察的范围延伸至各种由工业活动所动员起来的、对生态体系有害的各种金属。因此，对于随处可见的地方规模的破坏之全球性研究将

变得越来越重要。①

另外，格吕布勒（Arnulf Grübler）以历史现象的视角来讨论工业化。他指出，工业已经建构了一种传承的结构动机（inherent incentive structure）来使投入因素最小化。这主要是由经济的和不断的技术改变所驱动。因此，工业在正确的方向上推进，而真正的问题在于如何加速这个可欲的趋势。原则上，正确的方向有两个含义：其一，使每一单位经济活动所投入资源极小化；其二，改善工业原料使用、制造过程与产出的环境兼容性，也就是在工业能源使用上脱碳。与能源相关的碳排放是工业新陈代谢最大的表现，因此它们被用来作为一种解释。②

至于处置不需要的设施之问题，柯（Euston Quah）与陈（K. C. Tan）指出，自 1970 年代末期以来，由于对环境的关怀增加、现代的信息流通技术发展、公众对政府的信任降低以及采取法律行动的机会或资源增加，一连串的邻避抗议和在地方法庭上的挑战，已累积在政治舞台上传播，使得处置的问题在大多数发达国家成为主要的公共政策问题。由于亚洲国家快速的发展，动量的持续只能依赖畅通的能源供应，以及用良好的办法来处理不断增加的废弃物。

---

① Robert Socolow, "Six Perspectives from Industrial Ecology," in R. Socolow, C. Andrews, F. Berkhout, and V. Thomas (eds.), *Industrial Ecology and Global Change* (Cambridge: Cambridge University Press, First published 1994, first paperback edition 1997), pp. 3 - 16.

② Arnulf Grübler, "Industrialization as a Historical Phenomenon," in R. Socolow, C. Andrews, F. Berkhout, and V. Thomas (eds.), *Industrial Ecology and Global Change* (Cambridge: Cambridge University Press, First published 1994, first paperback edition 1997), pp. 43 - 68.

反之，这是意指需要有更多的计划与寻找合适的场址来安置。当人们受到了更好的教育并透过当今先进的技术信息流而有了国际的意识，由邻避而引起的争执在 1990 年代成为亚洲国家共同的问题。邻避症候群描述的是人们或地方社群的态度，不希望这样的设施坐落在他们的住处附近，无论这些设施对国家而言是多么需要和相干。这个症候群无所不在，从而形成了一连串不同的缩写，包括"不要在我们街上"（not on our street，NOOS）、"地方上不需要的土地"（locally unwanted land uses，LULU），及"不要在任何人的后院"（not in anybody's backyard，NIABY）。绿色运动在邻避现象中添加另一个层面，成员的口号是"不要在地球上"（not on planet earth，NOPE），而这又使精明的政治人物将"不要在我任内"（not in my term of office，NIMTOO）加在他们的政治活动议程中。聚焦于慢成长或无成长的环境运动已注意到邻避的情怀，而"反对几乎每件事的公民"（citizens against virtually everything，CAVE）团体已经运用这些情怀于他们的抗议活动。

　　任何邻避设施的主要特征是，公共部门在很大程度上，或是部分，或是全部，是被卷入的，因为在许多情形下，邻避设施的运作接受了相当多的政府补贴。再者，如果物质的设施需要有一大片土地，通常是依据强制收购的法律而取得。水力发电厂或常常令人害怕的核电设施的建造，也涉及公共事业与监测机构。公共部门，不论是扮演所有人、财源支持者还是规范者的角色，都必须首先决定这些

设施应有的优点，其次要决定有利的设置地点。这些邻避设施的第二种特征是，它们一般是给邻近的地方造成了不舒适。这类不舒适包括水、空气和噪声污染，令人不快的美学，威胁生命的危害，如化学工厂、核能设备与输电管线。所有由邻避加上的负面外部性，财产价格下降可能是文献中最常见的。对地方居民来说，最严重的外部性是对未来及现存世代的威胁。邻避设施的最好例子是核电厂、有毒化学工厂等。监狱和戒毒所是另一种形式的邻避设施。虽然比核能电厂的威胁小，但它们也带着某种程度的风险，例如，有人逃离监狱、发生暴动或火灾。邻避设施的分类方式之一是依其对于健康和生命的风险程度而定，可以把邻避设施分为危险的和不危险的两类。危险的设施常常很难被当地居民所接受。有些对健康的影响包括癌症、呼吸器官疾病及对 DNA 结构的伤害。当这些健康方面的问题长期不确定时，有害设施的处置问题就会变得更加复杂。[①]

在 2000 年，奥杜姆（Howard T. Odum）等人的书探讨利用湿地来移除环境中的重金属。在经济发展之前的原有地景上，很多径流捕捉肥沃的土壤与含有毒物质的湿地，在泥炭沉积物中的过滤物质最后经过地质过程而变成煤。现在已有许多研究显示，全世界的湿地演化机制加强了生物圈的生命力。地球上生命的自我组织与生物地球化学被

----

① Euston Quah and K. C. Tan, *Siting Environmentally Unwanted Facilities: Risks, Trade-offs and Choices* (Cheltenham, UK and Northampton, MA, USA: Edward Elgar, 2002), pp. 9 - 14.

称为盖亚（gaia），这个词的通俗意思是：生命本身为地球营运（life operating the earth for itself）。奥杜姆等人的研究显示，湿地是盖亚的营运。人类文明的发展基于地球圈。金属是从地中挖出，制造成刀剑和耕犁，利用后以破碎的残余回归到地球进行循环。随着社会成长及其需求的加速，金属在经济与地球循环之间增加了，常常被废弃物的累积与风险所扭曲。一个永续的文明需要在经济上利用地球物质与环境系统之间的和谐配合。合理的是，处理和再利用废弃物中聚集的物质，而被稀释的废弃物需要回归到地球循环，以提高生产力而不是产生危害。现在已有许多成功的范例，把城市与工业的稀释废弃物透过湿地加以循环，这是联结经济与自然的一个好方法。尤其是在自然湿地已排干、新湿地被建立的情况下，以便使生态系统适应，成为地景上一个低成本的资产。奥杜姆等人的科学研究，探讨经济与地球循环达到一个较佳的配合。被发展中的文明较多利用的金属之一是铅，因为它的熔化温度低与可锻铸的性能，容易让工匠制成管道、厨房用具和子弹，或与其他金属混合成合金。后来，被大量用于涂料、汽油抗爆的添加物，特别是电池。不幸的是，人体摄入过量的铅是有毒的，尤其是在大脑和神经系统。很快，社会要用很大的成本来治疗，在公共卫生上采取办法来解决水、食物与危险废弃物的处置。然而，湿地过滤铅。

奥杜姆等人以 14 章的篇幅探讨铅、湿地以及工业经济中全球的铅循环。第一章说明评估环境的冲击与贡献的较

新方法，EMERGY 评估，用来在共同的基础上衡量自然的作用和人类的经济。第二章指出，在过去 20 年，已肯定铅对神经系统有毒，即使是含量很低的情况下。低含量的铅暴露与智力降低、认知功能衰退及儿童的不良行为有关。近年来，铅暴露的来源已有改变，与含铅汽油及食物罐头的铅焊接减少有关，但尚存的最大来源是以铅为主的涂料和铅污染的土地。第三章讨论铅的毒性与健康，说明铅对人类生理和神经的作用。第四章讨论铅的生物化学循环与能量层次。第五章和第六章讨论美国内布拉斯加州斯蒂尔城沼泽的生态评估与铅分布。第七章呈现在湿地模型所做的铅与酸的实验。第八章讨论含铅沼泽生态系统的仿真模型。第九章讨论保留在波兰 Biala River 湿地的铅和锌。第十章讨论铅和锌制造业的前途与环境。第十一章从生态经济学探讨自然湿地保留的铅。第十二章讨论波兰的处置选项之能源评估。第十三章讨论环境法的演化与工业铅循环。第十四章是总结和建议，建议的政策包括：恢复铅的原有生物地质化学循环；在铅沉积的河口和湖泊让这些含量成为地质周期的一部分；发展国际条约以进一步减少运输燃料中的铅含量；避免在焚化炉处理含铅的物质以避免铅被释放到空气中；恢复湿地原有的过滤水的能力；在径流与水域之间需要有湿地接口；为了捕捉沉积层的重金属与有机物质，及其他理由，在冲积平原与三角洲要把防洪堤和渠道移除以恢复淹水；高地的土壤与从前的固体废弃物堆积地点存有流动的铅，排水的安排要透过建造湿地以顾及

边缘的湿地和河川下游的过滤；铅集中的点源、冶炼厂附近的水流，及酸性矿场的排水需要透过一系列的人造湿地来有效地过滤和留住铅；处置过程中的污泥如含有大量的铅应该分散到永久的湿地；一系列的湿地是否能够发挥吸收铅的功能，端赖有效的立法和纳税等机制；湿地不应以其酸碱度来管理，湿地也不应被排干以致造成氧化和流失；为了商业目标而以工业标准来处理铅是一个好政策，这样可以在全球生物地质化学的理论上负起更大的责任；更进一步执行几乎100％的铅和其他稀有金属的再利用。①

五、 商业

关于贸易与环境的关系，默根迪亚（Anil Markandya）在1999年发表的论文曾加以概述并提出相关的教训。贸易与环境的关系可分为两大类：其一，处理贸易规则与体制的变化对环境的影响；其二，处理环境规则的变化对于发展中国家与转型经济在国际贸易方面的冲击。至于贸易体制的变化对环境的冲击，则要明白贸易自由化是否已增加了对环境的伤害，以及这种伤害达到什么程度。另外，关于贸易对环境规则的改变与实践的影响，重要的是要检视环境规则对于竞争力、就业与成长的影响。首先，在发展

---

① Howard T. Odum et al.，*Heavy Metals in the Environment: Using Wetlands for Their Removal* (Boca Raton, Florida: Lewis Publishers, 2000), 168 pages.

中国家，更严格的环境规则是不是导致更高的成本并减少外销的数量呢？从一些个案研究得到的证据显示，这种影响是混合的。大量出口的国家声称影响很小，但有一些个案则认为，采取更严格标准不但减少了环境破坏，也增加了厂商的效率与利润。这也有一些例外：（1）较小的生产者受到增加的数量与规则的更大的影响；反之，这对未来的经济成长和在国内的竞争也有启示；（2）一些研究指向厂商有困难保持自己接到规则更改的讯息，讯息缺少的结果是减少外销；（3）有些国家相信规则是复杂而累赘的，至少有一部分是为了使外销无竞争力而设计，他们发现符合这些规章的成本已经影响了外销。

　　工业家常常宣称更严格的标准将导致失去竞争力、就业和成长，但这样的声明大部分是未经证实的。再者，不应该忽视环境恶化给予商业社群的代价，诸如失去工作天数、拥塞等等。个案研究很少提示，更严格的标准对贸易有重要的影响。关于把"脏"工业移到规章较不严格国家的问题，只有中国、哥伦比亚和泰国的个案加以讨论。中国的研究指出，有些海外企业在中国设立工厂是由于其本国有较严格的规则，尤其是皮革、造纸、冶炼、化学品和药品工业。然而，并未提出特殊的证据来支持这种说法。关于生态友好产品的非官方压力，在发达国家的许多行动并没有官方的地位，或只有政府的支持但无法律的支撑。尽管如此，重要的是要去发现这类压力对发展中国家和转型中的经济有多大的意义，以及它们对成本和外销的影响。

把产品贴上环境友好标志的压力是另一个问题。作为更注重生态的表现，这种发展是正面的。然而，有一个危险是它们可能成为贸易的障碍。关于国际条约对于发展中国家与转型经济的冲击，在温室气体、臭氧层破坏或濒危物种的保育等方面的国际协议是基本的。要求的行动常常包括一些对贸易的限制。暂定的结论是，这些国际的公约确实将以某些形式来限制贸易。在有些情形下，限制可以是有意义的而且各国可能愿意为其损失寻找一些补偿或豁免。这些条约是由各国自动加入，而且能力相似的国家也可以协商适当的条件。《蒙特利尔议定书》已做到一定程度，《巴塞尔公约》也可能做到。无论如何，重要的是在执行这些协商之前要知道这些对贸易的冲击是什么。①

　　关于中国的能源效率，江振平（Jiang Zhenping，音译）在 1994 年发表论文加以分析。中国的经济在 1980 年代快速成长，同时也努力试着增加能源的使用效率和改善环境。在十年间，GNP 的年均成长率是 8.9%，而能源消费的年成长是 5.1%。在 1986—1990 年间，每年投资于环境保护的资本占 GNP 的 0.7%。在 1949—1990 年间，营业的能源生产（包括煤、石油、天然气和水力）成长了 40 倍以上。在同期间，煤的主导地位略为下降至营业用能源消费的 73%。中国的能源消费总量是 29 EJ（1 EJ = 10^{18} 焦耳），即

---

① Anil Markandya, "Overview and lessons learnt," in Veena Jha, Anil Markandya, and René Vossenaar (eds.), *Reconciling Trade and the Environment: Lessons from Case Studies in Developing Countries* (Cheltenham, UK and Northampton, MA, USA: Edward Elgar, 1999), pp. 1–35.

9.9亿吨煤当量。工业部门主导能源的消费，其程度甚至高于高度工业化的国家。中国是一个能源自足的国家，事实上，在1990年能源生产比能源消费多出5％。由燃煤造成的污染还在增加，因为控制污染的措施没有跟上扩大的使用。对堆栈或烟囱的烟尘和灰尘控制还不完全，一如对于二氧化硫的控制，致有些地区要忍受酸雨。尽管如此，环境保护的努力在质和量上都有改善。在1980年代，污染控制的重点由点源的处理改变为全面的地区污染控制，并且从分散处理改为减少污染排放的总数。从前污染被当作纯粹的行政事务，现在则可以看到立法、经济诱因、技术和科学的整合。此外，污染控制也在全国更加集中和一致。与这些环境保护策略相平行的是聚焦于强大的能源效率。

中国在1977年才第一次清楚地表达节约能源的目标，比大多数国家晚了五至七年。政策的疏忽和结构的差异从1972—1977年间的能源强度（能源使用占GNP的比例）可以看出：在这五年间，发达国家的能源强度降至每年1.4％，而中国提高到2.8％。1980年，中国政府采取相应的能源政策给予能源供应和节能同样的重视。不久之后，中国的能源强度跨过零，然后继续减少。1980年代中国的节约能源政策有几种方式。提高能源效率明白地被列为第六个和第七个五年计划的目标。中国各地建立了管理节约能源的网络。所有的企业被要求实行技术创新以改善企业的表现与产品的质量，同时在生产过程中消费更少的能源和原料。引进对于能源管理的奖励和惩罚制度。在国家预

算中建立一个节约能源基金以补贴具有一致性社会效益的节能计划，而这是企业自己不能提供的。在工业部门，已有系统化的努力来改善能源效率。优先的是改善节能设备，诸如锅炉、火炉、干燥炉，也涉及分区加热系统、热电联产系统与炉具。活跃的财政支持已给予对环境有利的计划，诸如镇的煤气和区的供热。从国外引进了一千种以上的节约能源新技术。在农村地区，能源节约策略与再生能源策略互相交织。到1990年，小型水力发电站的装置容量已达12.4百万千瓦（GW），而使用生物气体的家户已达500万。使用节省木柴火炉的家户已有1.2亿户，是所有农村家户的半数。

在下一个十年，中国将面对发展经济与保护环境的双重任务。进一步提高能源效率将是成功的关键。有些提高可以相对容易地达到，因为中国的经济结构已更加依赖服务业，开始更加类似高度工业化国家的结构。但能源效率的其他改善必须更谨慎地去实现。中国与国外的许多工业的能源效率仍有很大的差距。在一些特定的工业中，中国工业化的落后也显示于不同的生产混合：在钢铁工业中，生产较多的铁和较少的钢、较多普通的钢和较少合金的钢、较多钢板和较少钢管；在化学制品中，合成橡胶和轮胎的生产比例较低。在钢铁、铜、铝及碳化钙工业中，高度不集中而且小规模的生产设备占了大部分；这类设备常常是每单位产量产生更多污染而且能源效率较低的。这种设备的比重必须减少。电力生产目前在中国的基本能源消费中占20％，其能源效率也有重要机会来加以改善。目前，每

单位电力使用的煤在中国比发达国家高 20%，甚至在最先进的单位，也高出 10%。在此，中国也是必须减少大量的小型电厂，目前发电量超过 200 百万瓦（MW）的电厂占总装置容量的 38%，而在日本是高于 80%。

江振平在结论中指出，在国家提高能源效率方面，中国下一步实行的成功要依赖五项发展：（1）投资于能源节约的研究与发展必须增加，节能计划必须示范和推广，并提倡提高能源效率的技术；（2）必须建立一个能源节约基金，其目的必须包括接受和管理外国投资，提供低息贷款以促进节约能源计划，并分析和评价能源效率的投资；（3）现有的节能法规必须加强，并发展新的法规；（4）需要有更多的努力来推广可以得到的机会，以使大众有提高能源效率的意识；（5）合理的能源价格是必要的，因为价格是调整供需、控制废弃物与提高能源效率最敏感的手段。在未来的几年，中国将愈来愈对世界开放，其经济将更倾向于市场导向，能源价格也将逐步增加。有些价格的改变将会很大，而这些将为中国经济整体带来重要而必要的调整。①

马克·王（Mark Wang）等人在 2014 年出版了一本论文集，探讨中国政府提出新的区域经济策略之后，东北的工业城市如何重建与修复它们的经济。以"中国特色的社会主义"为号召的中国模式被认为是西方模式之外的一个

---

① Jiang Zhenping, "Energy Efficiency in China: Past Experience and Future Prospects," in R. Socolow, C. Andrews, F. Berkhout, and V. Thomas (eds.), *Industrial Ecology and Global Change* (Cambridge: Cambridge University Press, First published 1994, first paperback edition 1997), pp. 193 - 197.

经济治理的选择。中国模式的观念与理论不应只是基于沿海地区的经验，因为沿海地区的经济发展受到外来力量（如外资与出口导向的制造业）的影响较大。中国模式将会更有特色，如果它包含了国家部门主导的地方经济经验。该书解释政府与市场及企业如何互动，以及中央政府与地方政府之间如何共同操作以转变城市经济。[①]

关于工业污染控制的成本，早在 1977 年，阿金斯（M. H. Arkins）与罗威（J. F. Lowe）就加以探讨。当时还很少研究美国之外的工业污染问题。他们的研究指出，在许多情况下，厂商投入外部空气污染控制的经费甚少。但另一方面，厂商投入大量资金于工厂内部工作环境的控制。他们也发现，地方政府投入工业污染控制的经费不多，但在成长中。在过去，地方政府偏重建立烟雾控制区以控制室内空气，但目前已逐渐在控制工业空气污染的领域发展它们的技术专业能力。他们也以纺织与染色业为例探索工业废水排放的问题。他们认为，除了在某些特定的产业如食品制造业外，中小型企业在水污染方面扮演的角色一般较小。大部分工厂把污水排入下水道，也有少数排入河川。废水排放前的处理成本很高，虽然有相当大的规模经济存在，但是工厂联结到下水道的成本也可能提高。这些增加的成本可促使厂商重新思考它们的用水问题。一般独立经

① Mark Wang, Zhiming Chen, Pingyu Zhang, Lianjun Tong, and Yanji Ma (eds.), *Old Industrial Cities Seeking New Road of Industrialization: Models of Revitalizing Northeast China* (Singapore: World Scientific Publishing Co., 2014), 241 pages.

营的厂商（independent firms）较集体的成员（group members）没有能力应付短期的成本流动问题；集体的成员也倾向于使用较少量的水，分享控制污染的经验。再者，在一个地区中实行均等的要价可以影响一些厂商。在固体废弃物方面，有些厂商已把它们的废弃物回收再利用，但基于经济规模与废弃物的特性，这种处理大部分是由第三者执行。大部分厂商寻求与私有企业合作以处理废弃物，虽然对地方当局提供的服务也有相当大的需求。关于噪声的问题，他们认为工业内部噪声是普遍存在的。许多工厂提供耳套给工人以克服噪声问题。外部噪声的问题主要存在于较大的工厂，而且常常是与晚上工作或使用空调设备有关。控制外部噪声的花费很高。许多厂商认为噪声将是他们控制污染的最大问题。地方政府尚未致力于控制噪声。不过，许多地方政府已开始接触专家的意见，准备对噪声进行成本效益的控制。

阿金斯与罗威在结论中指出，人们并不了解污染控制与成本控制之间的几何关系，例如英国的工业基础设施中有些具有价值的部分可能造成难以修复的伤害。问题的产生可能有两方面：一方面政府机构未能依照美国国家环境保护局的范例去分析控制成本与减少污染之间的关系，另一方面未能分析社会带来的利益与无利益之间的关系。立法者必须了解不同规模的厂商在不同时期的短期问题。控制必须要强制执行，但在实用的基础上，单一的标准，亦即我们的研究结论之一凌驾于其他的结论之上，也必须完

全地免除，因为基本上，污染的问题及其对厂商与社会的成本是因个案而异的。过程中的变化与不断提高的技术随时改变着问题的性质。起始的观察可能暗示这些是基本上有利的，但重要的是，污染是一个信息的问题，在起始似乎是有利的但有一些隐含的成本。没有任何控制污染的对策可以被视为是最后的。虽然消费者与受雇者，及资本的所有者都付出了污染的代价，"污染者付费"（polluter must pay）的原则不应忽略这个主要的考虑——追求质量更佳的产品与服务也可能导致更高的污染负担。对任何人，没有免费的物品，环境也不例外。[①]

1997 年，康普（René Kemp）在讨论环境政策与技术变迁的书中指出，当今，对于更清洁的制作过程和产品的需求有强烈的呼吁，让我们为已经出现的环境危机找一条出路，这意味着技术同时是环境疾病的原因和治疗方法。但只靠技术是否可以在未来达到环境的永续，则不清楚。这将依赖公共与私人一起支持对于环境有益的技术，而且人口与经济产出增加的程度将危及人均污染排放的减量以及更有效率地利用自然资源。把自然环境当作公共财产，以低价或无价加以利用，尤其是把它当作接收有害的排放物与废弃物之地，使得个别污染者把环境成本转移给他人，包括未来的世代。政府的干预最需要的是，确保污染者把他们的有害物排放降到对社会危害更小的程度。

---

① M. H. Arkins and J. F. Lowe, *Pollution Control Costs in Industry: An Economic Study* (Oxford: Pergamon Press, 1977), 166 pages.

康普也指出，有清楚的社会经济层面涉及探求技术变迁的活动与模式的稳定性。一个主要的理由是，为什么技术进步常在一些特定的轨道（定义为一个技术体制或模范）上进行，是因为通行的技术与设计在成本与表现的特征上，已在各种演进的改善中获益，从使用者的角度来看有较好的理解，从适应社会经济环境的角度来看，某种特定形态的技术有其累积的知识、资本开销、基础设施、可用的技术、生产常规、社会规范、规则与生活方式。

对新技术来说，主要的问题在于融入社会经济体系的合适性。比起那些需要更新资本财（Capital goods）、新基础设施、不同的技术、生产与消费的新观念以及改变规章的技术来说，能够容易嵌入生产制度与人们生活方式的新技术将会更快速地传播出去。这也有助于说明，为什么制造业常常努力去发展所谓的"不先预告的"（drop-in）创新，以便于在选择环境时不需要做太多改变就容易嵌入现有的生产程序中。新技术体系的成长也与技术和社会制度架构之间，制度的适应和不适者的调整有关。为什么这些技术的移转需要花这么多时间？主要原因在于新技术与社会制度之间的关系。在这些移转的时期，旧体制与新体制共存的时间常常很久。政策制定者也应该从事新技术的实验以便更了解这些技术的经济成本、技术可行性以及社会接受性。这样做的方法之一是通过政府的采购、规章、税制与补贴计划等等来建立利基市场（niche markets）。其他的政策包括建立技术供应者、研究机构与使用者的网络，

以及协调能源技术与环境政策和其他政策，包括农业政策、运输政策、土地利用计划以及工业政策。①

关于台湾的工业，据殷章甫的研究，截至 1973 年 6 月底，台湾全省已编定 69 处共 6765 公顷的工业区，其中已开发完成者 18 处，共 1214 公顷，正在开发的 13 处，共 3436 公顷。近年来由于工业发展迅速，工业用水的需求日渐扩大。现在工业用水的主要来源为地下水，唯地下水的管理未尽妥善，致使用户自由抽取漫无限制，不仅浪费水源，更会引起地面沉降，影响生活安全至巨。据调查，台北市与台北县十一市乡镇的地下水年抽水量为 2.5 亿立方米，超出其年安全出水量一倍，以致地面沉降严重，最严重者为台北市北门一带与台北县三重市。今后地下水的超抽量将逐渐增加，若不及早设法限制，后果将不堪设想。为适应工业用水的需要，今后一方面须积极开发水源，另一方面则应研究工业用水的重复利用技术，例如冷却用水的循环利用、洗涤用水的重新过滤再利用等，以节省用水量。②

在 2006 年，由七位作者合作的一篇论文探讨中国的绿色政治与伦理。他们指出，世界上污染最严重的 20 个城市中有 16 个在中国。空气污染是造成中国每年有 300 万人过

---

① René Kemp, *Environmental Policy and Technical change: A Comparison of the Technological Impact of Policy Instruments* (Cheltenham, UK: Edward Elgar, 1997), pp. 1 - 2, 269, 277, 285, 327.

② 殷章甫，《工业发展中之自然资源开发问题》，《土地改革》23 卷 12 期 (1973/12)：14—17。

早死亡的原因。在中国七大河川中有五条，70％以上的水不适于人们接触。中国的土地有 25％以上现在是沙漠，沙漠化的比例较 1970 年代增加两倍。中国的 GDP 有 8％—12％因环境恶化而丧失。他们的论文以两个例子来探讨地方官员选择采取进步的环境政策。这两例是辽宁省本溪市和黑龙江省抚远县①。本溪是一个中型的工业城市，传说其烟雾浓到这个城市从卫星影像中消失了。抚远县在三江平原上，这个例子涉及因为建立三江自然保护区而引发的争执。两例都由心甘情愿的官员来执行，都被捧为成功的故事。

自 1970 年代末以来，中国政府就展示出对环境保护的承诺。只就预算来看，政府投入环境保护的经费由 1991—1995 年的 2000 亿元人民币（346.8 亿美元）增加到 1996—2000 年的 3600 亿元人民币（432 亿美元），增加了 80％。在 2001—2005 年间，环境投资的总额将达 7000 亿元人民币（840 亿美元）。增加的比例大约相当于中国 GDP 增加的比例，可见，中国政府相信，经济成长与环境保护是互相依赖的。中国于 1987 年制定《大气污染防治法》，这反映了公众的压力、对空气污染之健康效应增加的注意、国际对酸雨和气候变迁的注意，因中国城市已被标示为世界上污染最严重的城市而受窘，以及官员增加了环境考虑应该与经济计划整合的认识。

---

① 2016 年 1 月抚远撤县建市，更名为抚远市。——编者注

在本溪市政府内部改变优先级是治理本溪的一个重要开始，但市领导不能只靠他们自己来解决问题。中国的市政府一般是作为中央政府的执行机构来运作，从而他们对产生大量空气污染的大规模国有企业并没有权威。因此，当处理重大污染问题时，地方领导者获得中央的注意和支持是重要的。除了关心本溪市的国际声誉之外，本溪市的领导者也找出科学的论据以取得中央政府的财政支持。1988年底，国务院环境保护委员会发布本溪污染控制的决定，要求本溪市政府在1995年以前使地方的空气质量达到国家空气质量标准。一旦中央政府支持这个七年计划，它就成为国家的特殊工业计划。这表示，它不再是地方的一项倡议而是中央政府整体的环境策略之一。这个计划的成功也由于掌管原料生产、钢铁、水泥和煤的部委将在草拟执行计划时扮演一定的角色，这个决定保证他们支持这个计划。在七年计划接近尾声时，本溪市官员担心他们要从何处找到继续控制污染的资金。1994年，市政府着手建立它自己的《21世纪议程》办公室来提倡永续发展。1997年，中央政府选择了本溪和其他15个省市作为中国《21世纪议程》的试点。有了《21世纪议程》在桌上，本溪的官员决定提倡清洁生产。这个过程在1990年代发展，全世界都看到了。在中央政府的合作下，本溪市也寻求了国际组织的协助。与本溪合作的第一个国际组织是联合国开发计划署（United Nations Development Programme, UNDP），它在1996年同意帮助本溪建立并资助一个清洁生产计划。除

了 UNDP，1990 年代中期，世界银行、以美国为基地的非政府组织（环境保护基金）及日本政府都资助了本溪的污染防治计划。此外，辽宁官方从日本和欧洲购入清洁生产的技术。本溪的官员甚至开始婉谢一些投资机会，因为拟定的投资计划不能符合污染控制的标准。

三江平原是松花江、黑龙江和乌苏里江三条河川汇合的冲积平原。三江自然保护区是整个平原的一小部分（大约是 5%）。现在，三江平原上有几个国家自然保护区，其中有两个，三江和红河，被列入《拉姆萨尔湿地公约》（*Ramsar Convention on Wetlands*，简称《拉姆萨尔公约》）之内，成为具有国际重要性的湿地。这个公约通过保护至少保有世界 40% 以上物种的湿地，以寻求保育生物多样性。三江地区是中国的边疆区。在 1949 年以前，全省只有 3% 的土地成为农业用地。自 1949 年以后，这地区经历了四次大规模的土地开垦潮。在 1990 年代，政府改变积极发展农业的意图，转移政策到已经根本受影响的土地。黑龙江省政府 1998 年决定停止在湿地发展农业。而 2000 年，黑龙江农垦总局宣布在三江地区不再有农地开发，三年内，必须恢复 180 000 公顷的农地为湿地。中国在 1970 年代创建了第一个湿地保护区，但至 1992 年以前并未加入《拉姆萨尔公约》。到了 90 年代初，中国已达到粮食供过于求，而这是中国加入《拉姆萨尔公约》的关键因素。到了 1992 年的里约联合国环境与发展大会（UNCED），中国积极地寻求国际社会的外交互动与承认。中国不断认识到它丰富的

自然遗产和它在其他环境问题上的作为，诸如碳排放，受到全球很大的关注，而它在这些事务上的影响力将是疏解其他问题的来源。于是，在 1992 年 7 月 30 日，《拉姆萨尔公约》执行后的七年，中国批准并指定六个现有的自然保护区成为《拉姆萨尔公约》的保护区。

关于水灾的严肃关心也鼓励了对湿地保护的重视。1998 年的水灾之后，国务院发展出长江流域生态保育的架构，包括湿地的恢复和保护。把更多的注意力放在湿地的防洪作用上，也有助于增加对三江平原湿地的保护。1999 年，黑龙江农垦总局宣布，其地区内的 180 000 公顷农地将恢复为森林、牧场与湿地。2000 年，国家林业局把保护中国湿地的计划付诸实行，而农业部宣布所有从前列入保留作为可耕地的自然湿地都不再考虑用于农业。2003 年 6 月 20 日，当人大会议上通过《黑龙江省湿地保护条例》时，省政府表示支持。

国际资金在三江平原的影响已有数十年。从 1980 年代开始，国际的贷款与开发机构开始把它们在三江平原的焦点从农业发展改变为湿地保育。到了 1990 年代中晚期，国际组织已活跃在保育三江平原的生物多样性方面。在最早的时期，三江自然保护区是以县的层次来计划、建造和管理。1993 年中期，抚远县政府向省政府提出在三江平原建造一个自然保护区的计划。省政府立刻批准，并从 1994 年开始执行。1995 年，国务院命令中央和地方政府采取进一步措施来保护三江湿地。2000 年 4 月，在黑龙江省政府

的强力支持下，国务院认定三江为一个国家级的自然保护区，是全中国 140 个具有这个地位的保护区之一。①

六、 污染控制

布罗斯（Paul Burrows）在 1980 年出版的书中讨论污染控制的经济理论。他指出，污染是一个经济问题，因为它需要我们做选择，解决利益的冲突；因此可借以减少污染的方法本身就是利用资源。经济学家解释现有的污染是厂商和民众想要保持他们使用最少的资源。这个理论的基本前提是外部成本理论（theory of external cost）。外部成本的定义是：当一个生产或消费行动引起直接的效用损失或增加生产成本，但未被纳入行动控制者的决策运算之中，则外部成本就存在了。外部成本可以视为一个嵌在由污染者引起的污染行动及其造成的社会总成本之间的楔形物。为了把每单位行动的成本降至最小，一个厂商会准备所需的成本，在随意污染以及控制可能引起的污染两者之间选择较低的。事实上，污染排放的数量和质量不只依产出的程度而定，而且依采用的生产过程之性质而定。因此，我

① Liu Yu, Pan Wei, Shen Mingming, Song Guojun, Vivian Bertrand, Mary Child, and Judith Shapiro, "The Politics and Ethics of Going Green in China: Air Pollution Control in Benxi City and Wetland Preservation in the Sanjiang Plain," in Joanne Bauer（ed.）, *Forging Environmentalism: Justice, Livelihood, and Contested Environments*（New York and London: M. E. Sharpe, 2006）, pp. 31 - 66.

们可以分别出涉及替代的减排方法的两种成本：减少产量的成本，改变生产过程的成本。一旦污染发生了，由于污染者未能加以缓解，两种成本就可能在社会上发生。其一，如果社会的其他成员没有缓解的反应，引起的成本将是消费价值减少以及生产活动受污染物影响，这些可以称之为污染损害的成本（pollution damage cost）。其二，污染成本由防御性地运作以减少损害成本，而可称之为损害降低的成本（damage reduction costs）。污染者减排的成本是降低污染物数量的成本，损害降低的成本则是减少某一数量的污染造成损害的成本。正如所有的生物学者同意的，在环境中因果链是很复杂的，而在污染物之间毫无疑问地发生互相依赖。这意指估计污染成本曲线是很复杂的操作，但这并不是指经济学者的分析架构是无效或不相干的。我们可以同意，真实世界的污染比平滑的曲线所暗示的更为复杂，然而运用这种曲线的外部成本理论仍然为分析真实世界的污染问题提供了有力的工具。污染成本的总计的一个主要特征是对于制定边际决策有一定的效用。另一个特征是污染成本是单方面地由污染者加给被污染者；在污染者与被污染者之间并没有互起作用的强迫接受的成本。最后一个特征是关于被污染群体的大小，以及成本在群体间蔓延的方式。这个特征对检讨市场体制在解决外部污染成本问题时失败的原因是很重要的，并且对于尝试透过税收补贴计划来解决问题有重要的启示。

在经济运作产生社会效益或福利时，外部污染成本的

存在有两种可能的效果。首先，在缺乏任何私人或政府的补偿安排时，污染导致不可补救的损失，让受污染者觉得不公平。其次，外部污染成本很可能把替代的使用方式转移到资源的分配上。评断改变方式的可能后果必须不只是基于净收益的大小，而且要基于提供给损失者公平保护（just protection）的程度。公平保护并不就是分配的公平。公平保护的定义中需要有个人在社会中的基本权利的概念。公平保护需要对受污染者有完全的补偿。公平的解决方案与有效的解决方案并不一定是兼容的。最后一点是，公平保护需要我们注意所隐含的不受干扰的自由。污染程度如果无法透过私人的讨价还价而得到有效的结果，我们就称之为市场失灵（market failure）。市场失灵的一个特例是市场无法把外部成本内部化。就涉及少数人的情况而言，障碍包括：非边际交易，威胁的决策，不良的讯息，交易成本，谈判赔偿金的问题，讨价还价可能有的短视，与污染独占者的讨价还价。就涉及多数人的情况而言，只有一个特别的障碍，就是策略性的行为与搭便车的问题。理想上，这些补偿的程度对群体的所有成员来说，必须是最小和最大程度的总和。但是当有些成员被要求透露他们个人的补偿要求时，他们就会企图夸大，因为他们预计最后的分配会依据这些要求。结果是，在讨价还价中的这种策略性行为将基于过度估计污染成本，从而不可能导致对社会污染水平的有效控制。

关于污染控制政策，布罗斯提出四项基本的政策工具：

征税或收费，规章，分区，支付受污染者补贴。至于政策
的长期效用，在理想化的信息良好的世界中，污染控制的
机构可以引导每一个污染者限制他的污染在社会有效的程
度内，透过一个固定的比例收费、规章或补贴。然而，污
染者在每一种政策下达到的最大利润是：补贴＞规章＞收
费，长时间就会导致进入或退出的比例不同。如果利润程
度是与污染成本内部化完全等量，有效的厂商数目将进入
工业。在实际上，政策对长期工业规模的影响可能较个别
污染者预期的冲击要少。理由之一是社会的有效进入可能
受制于市场的不完美；另一个理由是不同程度的不确定性
可能大到使我们不得不减少企图，并弄清楚社会的无效率
或减少随意但污染程度更低的目标。关于收费与规章的讨
论，还有三个可能的含义：（1）在减排成本曲线上可能出
现的不正确估计；（2）行政与执行成本的规模；（3）污染
者发展洁净技术的动机。至于未来政策的不确定性，则有
两方面：随机的影响因素，意外的污染。最后，关于污染
控制与法律，作者指出，用法律来保护民众不受污染行为
的影响并不是新的现象。法定的干预和私法行为在一起构
成了一个双层的系统，私法的部分解决在保护中出现的缺
口，建立私人的权力及地位。①

综上所述，环境经济学的兴起为探讨人类经济活动与
环境互动提供了更有效的分析工具。而近几十年来全球环

---

① Paul Burrows, *The Economic Theory of Pollution Control* (Cambridge, Massachusetts: The MIT Press, 1980), pp. 2 – 150.

境的恶化，已促使学者从经济生产的不同层面，诸如农业（包括农、林、渔、牧）、工业、商业、服务业等来从事理论和实证的研究。以上所举的例子只是一些最近的研究成果，期待有兴趣的年轻学者可以再接再厉，探索更多地区、更多相关的问题。

第四章　环境与社会

一、 理论研究

2010 年，南开大学历史学者王先明在他的论文中指出，环境史是自 1970 年代以来逐步氤氲生成的史学研究新领域。对于中国史学而言，它是 1990 年代之后勃然兴起的一个新的"学科生长点"，一经出现即具有一种引领学术潮流的作用。人类面对生态环境日趋严峻产生的忧患意识，从多个方面影响到学术进取方向的选择，这正是基于学术研究与时代需求的呼应。"社会环境"的定义和内容也各有不同：其广义包括整个社会经济文化体系，如生产力、生产关系、社会制度、社会意识和社会文化；狭义仅指人类生活的直接环境，如家庭、劳动组织、学习条件和其他集体性社团等。社会学界一般将现代社会环境按其所包含要素的性质分为：物理社会环境，包括建筑物、道路、工厂等；生物社会环境，包括驯化、驯养的植物和动物；心理社会

环境，包括人的行为、风俗习惯、法律和语言等。有人按环境功能把社会环境分为：聚落环境，包括院落环境、村落环境和城市环境；工业环境；农业环境；文化环境；医疗休养环境；等等。重要的是，作为社会存在的环境与人的共构性的历史进程表明，人类不仅能适应自然，而且更能制造和使用工具，通过劳动改造自然和社会。也正是在此进化过程中，人类社会逐渐形成一定的文化、风俗、宗教、法律、道德等意识形态，而且还产生各种政治关系、家庭关系和人际关系等。同时，这些社会环境又对身处其中的人类产生约束。社会行为是人类在所处的社会环境中通过社会化过程获得的行为。环境在人的社会化过程中起着决定性的作用。如果仅仅具备了人的遗传素质，而没有适当的社会条件，个人的社会化将无法实现。从这个意义上说，没有"社会环境史"的历史，将不是完整的社会历史；同样，没有社会环境史的内容，也建构不起真正完整的"环境史学"。

社会环境史研究的取向，不仅有助于弥补"环境史"偏重于自然史取向的单向发展，而且有助于社会史展示社会生活演变进程的丰富性和多面性；可以在人与环境、历史事件与环境相互作用的历史进程中，获取更为深刻、更具历史洞见的理性认知。离开对"社会环境"的解释，就不足以真正说明历史本身；自然环境-社会环境-人类社会历史，在这样的"环境"话语中，才可以建构起真正的"整体史"。环境史的社会史取向，既是历史学学科发展的

内在要求，也是当代社会发展的时代要求。

"社会建设"作为中国现代化进程中"科学发展观"的重要内容，当然也基于对"社会环境"治理和建设的现实需要；没有良好、健康的社会环境，社会建设及其相关的内容也就无从谈起。社会环境问题，是人类社会形成以来一直与人的生存、发展相关的重要主题之一，尤其也是现代化进程中更为突出的问题之一。因此，日渐成为学术热点的环境史研究乃至历史学研究中的"社会环境史"取向，既是以人为主体的历史学学科发展的内在要求，也是史学面对现代社会需求，是其"学以致用"学科功能的重要体现。[①]

雅克（Peter J. Jacques）2009 年的论文探讨公民社会（civil society）的自治与行动，涉及的问题包括：公民社会如何从事当代的全球环境政治学；我们要如何一方面思考存在于民主政治/国家/企业之间的紧张，另一方面思考解决环境问题的紧迫需要；公民社会运动是否成为一个解决新地球（New Earth）环境问题的挑战，或新地球要求对社会运动有新的思考方式。雅克从解释社会变迁与公民社会的两个主要理论开始，接着解释在结构过程中的重要反革命力量，也就是那些捍卫着支配不适应与破坏性新自由主义的道德秩序，他也探索公民社会如何通过考虑在其他竞

---

① 王先明，《环境史研究的社会史取向——关于"社会环境史"的思考》，《历史研究》2010 年第 1 期，http://www.clght.com/show.aspx?id=6817&cid=27，查询日期 2014/09/30。

技场中成功的结构，支配一个更永续的新地球。他在结论中指出，环境公民社会尚未渗透到深层结构中，以支配和授权给环境变迁中的市场文明最重要的驱动力，透过全球金融与债券市场的成长、相伴的信用成长和综合在一起的薪资抑制、升高的商品价格，新兴的半边陲国家成为全球经济的力量，打破全球所得的不平等。这些力量是在竞技场或政治领域中决定的，在那里经济主义支配并再产出历史性的集团，来为在成长中出现的暴力与贪婪提供一个稳定的道德秩序。同时，环境的解决方案被窄化到对产品的绿色消费主义，那是在不透明的全球商品链中解释生态与社会情况，而公民社会很少能够控制的，更不用说有相关的知识。为了应对霸权之进展，公民社会必须评估长期的领域，从耐久的自主性联盟与策略性示范，来证明市场确实并没有被普遍授权来吞噬世界文明的生命网络和重要的生命支撑。①

　　环境政治学者瓦普纳（Paul Wapner）讨论生活在边缘的问题。他指出，环境主义作为社会运动的第一波兴起于工业革命时。在过去几十年，环境主义深化并扩展其批判且发展出一个更密合的反叙事。无论是多么急迫或理性，环境主义运动展示的信息是，环境主义者一直是劣势者，似乎是站在历史错误的一边。环境主义者曾是世界的卡桑

① Peter J. Jacques, "Autonomy and Activism in Civil Society," in Simon Nicholson and Sikina Jinnah (eds.), *New Earth Politics: Essays from the Anthropocene* (Cambridge, Massachusetts: MIT Press, 2009), pp. 221 – 246.

德拉（Cassandra，古希腊的一位女神，有幸被赋予眼光和预言的能力，但被诅咒她的警示会落入聋者的耳朵）。确实，环境主义并不常常是一只孤狼。在过去几十年，它似乎已成为主流。瓦普纳反省生活在边缘的意义，并进一步探讨环境主义的反叙述。他希望这些反思可以显示，环境主义可能一直在为艰苦的战斗而努力，其战壕中却有一些教训值得推荐。正如诗人罗特克（Theodore Roethke）所言："在黑暗的时候，眼睛开始看见。"（In a dark time/the eye begins to see.）①

另外，国际关系学者多维尔（Peter Dauvergne）从真理、半真理与幻想的角度来讨论永续性的故事。他分别陈述全球的永续性、企业的永续性、迷惑的公民与消费者，以及全球环境政治的力量。在结论中他说，世界需要学术界来挑战现在陷入新地球行动的无知和顽固。在这忙碌而不断涌入消息的世界，学者们需要写清楚挑战政治的和企业的陈述，而且需要行动。最重要的是，我们必须追求真理和知识，因为在学术界的人有责任揭发谎言以及企业与政治的诡计。全球环境政治的学生和教师可以扮演领头的角色，透过挑战把大企业作为永续领导者之说法，揭穿所谓的企业社会责任是增加利润、加强控制以及滋养生意。全球环境政治的学者应该承认需要在制造、运输、零售以

---

① Paul Wapner, "Living at the Margins," in Simon Nicholson and Sikina Jinnah (eds.), *New Earth Politics: Essays from the Anthropocene* (Cambridge, Massachusetts: MIT Press, 2009), pp. 369 - 385.

及消费品循环利用中增加单位效率，但他们也需要驳斥企业永续正在延缓新地球危机加重的说法。在全球规模下，当厂商把环境的获益用于广告和营销，刺激更多的消费，企业永续甚至可能把事情弄得更糟。总之，作为支撑环境主义力量的一部分，全球环境政治的学者能够帮助重新把永续性当作关键而激励向前的叙述。如果做得好，新地球永续性可以提供想象未来的方法，在那里，新的政治、经济与伦理传统可以兴起，让人类一起生活在和平又繁荣的世界而无任何不可永续的迹象。①

社会学家班克（Stephen G. Bunker）2007 年发表的论文探讨在资本主义下不可避免的不平衡发展。资本主义下不均衡发展的各种解释通常求助于各经济部门和地理区域之间资本累积的不同比率和不同的劳动生产力，而忽略不均衡的发展也反映不变的物理定律。生产涉及物质和能源的变形，这些物质和能源不能被创造或破坏，而它们的变形常常造成熵，或潜在的能源消失为动能或热力。在社会生产中，劳力重新导向物质和能源的变形，需要抽取，在其中劳力占用了自然生产的物质和能源。劳动生产力的增加只能透过同时增加储存在自然中而无人为干扰或指挥所产生的能源抽取和变形。在资本主义下，社会生产扩大并增加了集中在其工业场所消费的物质和能源之数量和种类。

---

① Peter Dauvergne, "The sustainability Story: Exposing Truths, Half-Truths, and Illusions, " in Simon Nicholson and Sikina Jinnah (eds.), *New Earth Politics: Essays from the Anthropocene* (Cambridge, Massachusetts: MIT Press, 2009), pp. 387 – 404.

然而，自然的生产并不以社会生产中相同的比率增加或多样化。规模经济借用更有力而有效的技术来降低生产的单位成本。新技术的执行是昂贵的，而且必须在接近充分回馈投资的条件下运作。新技术只能借着把更多物质与能源转化为更多商品，才能达到它们预计的结果。生产扩大只能透过在分布于更分散的地方抽取物质和能源。在历史上，贸易和战争的工具，尤其是所需的运输，随着组织并且主导贸易与暴力之阶级的力量和消费增加，广泛地扩展了对原料的需求。接着，寻求原料驱策的早期国家与帝国扩张并伸展贸易网络。资本主义生产方式驱动了社会过程，造成不可避免的积极的抽取和生产之空间分隔。这些过程的中心是在社会生产中，最大量使用的能源与物质是从有机转为无机，从植物转为金属。这个转变意味着在抽取、运输和生产中扩大经济规模。导致不均衡发展的一个重要原因是，规模的动态在抽取和生产经济中发挥相反的作用。生产的力量在工业体系中进步、发展，因为当生产规模增加时，货品生产的单位成本倾向于降低。当抽取体系反映增加利润的外部需求或内部压力时，它们倾向于竭尽自己。首先选择的是用尽容易接近的非自我再生的资源；如果超过它们的再生能力范围，就利用最接近的自我再生资源；从而每单位抽取需要更多的劳力和资本，于是强迫抽取资源的每单位成本提高，在其他地区发展人造的或培植的选项成为有效成本。另一种选择是，利用来自其他地区之原料所生产的技术或产品在生产经济中提高竞争力。现代，

当大部分可接近的石油资源已经用尽，寻求石油的替代品，不论是核能、太阳能还是农业，都同样反映了不断提高的资本和劳力成本。

在任何生态系统中，为了任何物种，如果没有破坏或过度减少其他物种，会有一定的收获比例可以允许持续的产量。然而，资本主义生产的扩张逻辑通常排除这样小心地计算收获比率。相反，抽取率反映由生产驱策的需求决定利润，从而典型地导致抽取率不能持续，于是不可再生和可以再生的资源都倾向于使它们的区域经济耗损。主导性的抽取经济以破坏价值和有限的生产力来破坏人类社会与自然环境。从抽取经济及其热量释放转换中流出的物质和能源，在社会操作的转移中增加了有机和无机的物质，在生产的经济环境中破坏了自然的能源循环。资本主义扩张加速了这个过程。这个破坏把成本加在整个社会上而不是直接加在私人资本上。解决这种破坏需要加强人类在维持人造环境上的干预。不均衡发展和不均衡交易的模型是严格地基于比较劳动生产力或劳动价值，从而不能够充分地解释抽取经济的不完全发展，因为开发自然资源而利用和破坏的价值不能只以劳力或资本计算。

资本主义是完全基于可交易价值的生产和流通。自然资源可以被垄断，这种垄断创造了租金的基础。租金赋予自然资源价格，但资源本是无价的。它们的价值吸掉了剩余的利润，但它们仍维持在马克思所界定的基本劳力与资本关系之外。这些假设被用于描述一个密闭系统下的劳力

和资本的关系，其运动规则完全依赖商品的生产与流通。然而，不可能把这个特殊而武断的价值定义用于计算输出原料地区所忍受的交易不平等。资源的抽取展示了环境的损失；这些损失显示了人类劳力在未来的有限生产力，无论它是否存在于利用价值或商品交易的利润中。计算这些损失的效应，我们必须在劳力之外把一些价值归给它们。了解它们的价值，我们必须知道它们如何被生产。因此，在自然中产生之价值是对由劳力产生之价值的基本补充。物质与能源形式间的多样性与互补性迫使我们承认，价值的计算不可能是单一层面的。

木材、矿物、石油、鱼类等等的基本价值主要在于物品本身，而不在于并入的劳力。增加的价值是这些原料由劳力加以转型获得的。然而，重要的一点是，这个增加的价值通常是在工业的中心而不在抽取的外围。于是，在国际交易中有多重的不平等。其一是不同的工资；另一个是从外围到中心的自然价值转移；再一个是在中心完全实现了交易值，而不是在外围。最终的不平等是在抽取经济中，热力学要求降低自然与社会活动，以便能够维持工业经济的社会生产力。当自然价值在一个地区被占用而在另一个地区与劳力价值相结合，使用劳力作为一种不平等的交易就忽视了存在于抽取经济中固有的多重不平等。我们必须考虑利用劳力与利用整个生态系统的效应不是分开的，而是多重互补的，两者都影响特定区域的发展。

总之，当社会的形成被界限在单一的地区生态系统中，抽取和生产原来是一起发生的。在这种条件下，人类需要把抽取活动分散到大范围内的物种与矿物中；相对少的物质和能源从每一种形式中抽取，从而生物链可以稳定地使自己再生。然而，自从在地区生态系统中引进了利润极大化的逻辑，以抽取地区间可交易的价值，抽取商品与抽取劳力的不同报酬刺激了集中开发少数资源的比率，同时破坏了这些资源的再生与生物链中物种共同演化的互动，并且关联到地质与水力的系统。工业生产模式依赖这种抽取活动的自我枯竭形式，从而不可避免地破坏了它们所依赖的资源基础。然而，这种过程必须是有限的，当每一种新技术需要其他资源，最终得到的，是有限的储量或易受害的生态系统。社会的生产、自然的生产以及介于它们之间的抽取是纠结在一起的，一旦商品的交易打破了单一生态系统的边界，并容许社会的生产从多重的生态系统中取得能源与物质，三种过程的逻辑和动态就变得更为清晰。然而，尽管人类的企图是关键的因素，社会的生产依然被自然的生产所拘束。它不能够创造它所转换的物质和能源，而且它的技术必须以兼容经自然转换和储存的物质形式之方法来设计。因此，认为自然可以由社会创造的思想是一种偏颇的想象。它只强调生产破坏中社会力量非凡的成长，而忽视了在生产中自然力量的残酷和破坏。在这三个过程纠结的效应和动态中，被肯定的是自然的最终统一，而不

是个别分开的过程之模型。[1]

佩里 (Beth Perry) 等人曾讨论透过积极的调节来重新思考以知识为基础的永续都市主义。他们指出,在 21 世纪必须面对的挑战中,都市和都市地区已经被当作关键地点。透过减少资源使用以处理气候变迁已经被架构为一个必须从多方面反映的问题,其中,都市常常代表着达到减少碳排放目标的前沿。同时,国际、国家与地方层面的决策者都不断鼓励都市与都市地区要扮演建立知识经济的角色,以驾驭创造财富与经济竞争力的科学、技术与创新。佩里等人认为,把一大套关于都市的知识重新捆绑是一个必要的选择,以便把不同的社会利益和观点放在一起来发展更永续的都市主义。他们也考虑到更广泛的社会条件与动态,透过这些使没有捆绑和重新捆绑的永续知识可以出现。在当前的国际政治经济中,有一系列的动态张力使得形塑另一种通往永续都市主义的选择成为问题。重要的是,在政策论述中,分别强调关联性、地方冲击、跨领域、跨部门的工作以及知识分享的社会化方式,他们之间仍然存在着差距以及实作上的显现。在这些问题的脉络下,佩里等人考虑主动的调节如何超越传统的正统说法与两极化的论述,以提供具有潜力的、更有效的基于知识的永续都市发展。重要的是,主动的调节不以正式的治理改变,由或在都市

[1] Stephen G. Bunker, "Natural Values and the Physical Inevitability of Uneven Development under Capitalism," in Alf Hornborg, J. R. McNeill and Joan Martinez-Alier (eds.), *Rethinking Environmental History* (Lanham: AltaMira Press, 2007), Chapter 12, pp. 239 – 258.

地区或在国家与区域间的行动者来预测。它包含了一种在生产结果之中寻求驾驭动态紧张的想法，以发展都市中的分化型知识。

在 1980 年代和 1990 年代，研究都市和区域的学者突显了区域主义与区域化过程的重要性，以平衡一种显然无处不在的全球化动态，在其中，空间、脉络和领土都消失了。这些改变的论述兼具政治和经济的表现，要求民主的合法性以及承认区域作为经济成长驱动力的角色。在过去十年，这种强调区域的研究方法伴同着更小的领土单位，都市驱动国家经济的角色已被承认。在 21 世纪，关于都市角色的辩论，已经依据资源限制的逻辑、低碳转型与发展知识经济而重新改造。都市同时代表着气候变迁的一部分"原因"（有些估计说，全球人类的能源消费中有 75％与都市及其居民的排放有关），也代表着气候变迁最重要的"受害者"，尤其是全球南方沿海的大都市。在不同地区的脉络下，"知识"也在经济成长与竞争力中扮演中心的角色。知识不断地在多标量的环境中被构思，在其中，最重要的是地区的、国家的和国际的行动架构。都市的经济角色不断地被透过创新、技术、创造力和知识的镜头来观看，尤其是在当前经济萧条的情况下。

都市已经成为实验和创新的场地。因为建立创新型低碳经济的责任被下放到地区层级，所以"模范"已出现在不同的脉络中来代表最佳的实作。例如，世界级的都市正领导着重构都市对于资源约束及重新协商都市空间、基础

设施及自然环境之间的辩论。例如，在伦敦、东京和纽约发展出来的策略已经广受好评，可供其他都市模仿。同样，寻求基于知识的竞争优势已经掌握了一大范围，从而都市与区域发展满溢着观念标签与地质的意象：从知识走廊、集群、资本到硅谷、小径、峡谷和沼泽。当各地的都市寻求生态修复或以象征性的科学徽章来作为复制成功的手段，在一个脉络下产生的知识就被假定为有自动移转的能力。新的都市反应，可视为标示着从更广泛地关注永续发展移转到较狭窄的聚焦和技术专家对生态安全的辩论。世界都市和新的生态都市都寻求保护他们自己不会发生基础设施建设的失败，透过资源生产和消费以及参与全球伙伴关系，来与全国性的基础设施断开关联。这样的生态修复强调可分割性而不是面对全球气候变迁问题的集体观点。在都市永续和知识发展的论述中，经济和政治常常结合。解决气候变迁或重新配置基础设施，不但是道德或预期的经济效益的需要，而且可以增强政治上的荣誉。在气候变迁的个案中，都市间竞相宣称的高位以及被认定为当代发展前沿而获得的经济和政治效益是互相关联的。支撑着都市未来的生产技术-经济观点由社会利益所主导。在此，中心的问题是谁为永续都市建构了可能的途径，以及谁依然在观望。这些动态以很特殊的方式建构了对基于永续知识的都市主义的挑战。当代对都市及其应付气候变迁和建立知识经济的角色之看法，常倾向聚焦于模范的观点，可以复制和透过技术、经济与狭窄的利益联盟来生产。在过程中，基于

永续知识的都市主义因为更加涵盖全社会与整体的观点而有被牺牲的危险。可选择的策略似乎暗示着在气候变迁与资源制约之下，以更集体的途径来创新而不是只导向技术性的修复，用更有社会和文化驱动力的途径作为新的解决方案和配置。在永续都市发展之策略与潜在的重叠和协同效应之间需要更多的了解。这就需要有分化的知识，并重新思考如何发展敏感的途径以处理 21 世纪经济和生态的挑战，这样的知识需要跨领域、多部门、有全球的共鸣和社会关联，以及共同生产，以保证生产者、使用者和消费者之间产生有效的知识交换。

佩里等人在结论中指出，建立基于知识的永续经济和社会已成为遍及全球的不同规模的政府之共识。在知识经济与生态利益竞赛中，都市和都市区域被看得很重要。一些优势的反应已经出现。但佩里等人认为，这些反应需要以产生它们的社会利益加以严格的分析和评估。这种努力的中心问题是社会包容、参与以及铸造超越，而不是重复技术性或经济的观点之论述与途径。关于都市的更分异的知识是需要的。以最广义来说，创新并不是只有一条路，它需要在知识基础、公共部门和商业社群之间有更多的对话。焦点要放在创造对不同的地方敏感的新计划上，而不是单单作为国家层面的解决办法，而不顾虑计划的执行范围。在气候变迁、资源制约和经济衰退的世纪，一个重要的问题是改善基于知识的成长之证据基础。当证据基础的政策成为这个努力的核心，政策观念发生的过程就成为同

样重要的问题。技术修复和模型已有太多的典故可以运用。我们有许多讯息，但缺少智能。这正是需要更多想象和有效方法以便发现不同形式的知识如何为集体利益来工作的时候。[1]

二、 实证研究

在台湾，社会学者萧新煌在 1989 年曾讨论台湾新兴社会运动的分析架构。他指出，针对"特定的改革"是这些新兴社会运动的基本性格。在 14 个社会运动中，与环境问题有关的有两个：地方性反污染自力救济运动及生态保育运动（包括反核运动）。在 19 项社会问题严重性的排名中，公害污染在 1983 年排名第六、在 1985 年排名第二，在 1986 年，环境问题（含反污染自力救济和生态保育）排名第十二。在这三年，排名第一的都是青少年犯罪。这 19 个社会问题形成了六个社会运动，即反污染自力救济运动、生态保育（反核）运动、妇女运动中的反雏妓行动、果农抗议、消费者运动、残障及福利弱势团体之请愿运动。这六个社会运动都有较明显而具体的"受害人"。反污染自力

---

[1] Beth Perry, Tim May, Simon Marvin, and Mike Hodson, "Re-thinking Sustainable Knowledge-Based Urbanism Through Active Intermediation," in Hans Thor Andersen and Rob Atkinson (eds.), *Production and Use of Urban Knowledge: European Experiences* (New York and London: Springer, 2013), pp. 151 – 168.

救济运动属于对社会冲击程度高的社会运动，生态保育运动则属于内部资源动员能力高的社会运动。就发展阶段来看，生态保育和反污染自力救济运动都处于第二阶段的集结期。[1]

2000 年 4 月 22 日是地球日三十周年，台湾的环境保护活动者发布年度报告，称之为"痛苦指数"，指出在过去五年，台湾的环境标准已大为降低。环境质量文教基金会的执行长刘铭龙说，整体指数的提高显示人们的生命千丝万缕地和地球联系在一起，而其痛苦不可避免地会被感受到。基金会的调查目标在于显示环境的伤害已稳步地对人们的生命产生更多的冲击，现在已达到"不可忍受"的程度。痛苦指数由 1996 年的 74.74 提高到 2000 年的 77.98。1000 份电话访谈的结果显示，这个指数包含了人们对现存的各种环境问题——诸如由机车、汽车和工业排气造成的空气污染、水污染、塑料容器的过度使用以及水土流失——的忍受程度。环境质量文教基金会只是在地球日结集的台湾 25 个环境保护组织之一，其他团体还有绿色和平、绿色公民行动联盟、台湾绿色阵线等。[2]

2015 年，萧新煌主编了《台湾地方环境的教训：五都四县的大代志》，除了总论外，分别讨论了台北都（原台北市）、新北都（原台北县）、台中都（原台中市和台中县）、

---

[1] 萧新煌，《台湾新兴社会运动的分析架构》，见徐正光、宋文里（编），《台湾新兴社会运动》(1989)，页 21—46。

[2] Chiu Yu-tzu, "Earth Day Marked with Further Calls to Protect Environment," *Taipei Times*, April 23, 2000, p. 1.

台南都（原台南市和台南县）、高雄都（原高雄市和高雄县）、新竹市、彰化县、宜兰县、花莲县。作者在第一章总论中指出，环境史有三个缺一不可的面向：一是固定的社会空间；二是明确界定的时间向度；三是上述社会空间内，于一定的时间或历史时期内，人类行动因素和环境生态变迁因素的互动及其相互影响。从地方环境史学到了三个教训：（1）六十年来，五都四市县的环境生态变迁都受明显而具体的政策促成，也就是"成长意识形态"主导着第二次世界大战后台湾的环境变迁。经过六十年环境生态大变迁，台湾已不堪再被称为美丽之岛。（2）五都四市县的环境恶化，终于引起从南到北、由西向东的地方环境抗争运动。这些运动整体汇流的结果，更直接质疑现行环评制度的不当和失措，也挑战长久以来主宰区域发展的线性成长主义，更进而形成一股台湾地方民主化的持续推动力。（3）除了环境抗争运动，各地也出现若干有代表性的"环境创新措施"，以因应下一波的环境变迁。这些"社会创新"对扭转环境质量的持续恶化会有贡献。第二章的结论指出，台北市的环境改变与政府政策的转变有相当大的关联性。自1950年代四年经济计划开始，到1980年代，台北市越来越有大都市的优势和格局，但高度都市化也带来水污染、资源紧张、辐射公害、废土污染等问题。此外，自1980年代以来，环保意识日渐高涨，一连串的环保抗争运动也带来了一些环境创新的举措。面对日益迫切的全球极端气候冲击，台北都的当务之急是立即纳入因应气候变

迁的策略。第三章指出，新北市的山坡地自 1950 年代以后长期遭受不当的开发，此外，废土滥倒已达到明目张胆的地步，已经严重破坏自然环境并危害公共安全。再者，1970 年政府为因应国际能源危机，规划在石门乡兴建第一核能发电厂，后来又有核四厂的争议。自 2000 年以后，新北市才开始推行环境创新，包含人工湿地及水梯田复耕，透过自然净化涵养水源。第四章分别讨论了台中都不同的产经政策、自然地理、人文条件，及彼此交互影响而产生的特定结果，包括草根社会运动的兴起，及灾害风险的远近因等。在环境议题方面，以台中市都市发展以及工业区和科学园区的污染为例，加以陈述。在草根运动方面，聚焦于地方环境运动史和环境开发议题。在地方环境创新方面，探讨民间集体推动改革的角色与局限。第五章探析台南环境史。结论指出，大台南的产业结构，从早期的初级产业，过渡到次级产业，至近期以第三级产业为主。地理信息系统（GIS）分析的结果发现，台南开发的历史、人口地理、土地利用和产业发展等具有相关性。此外，政府虽对环境保护积极擘画，推出"永续城市""低碳城市""绿色城市""健康城市"等相关政策，但因公共事务繁杂，常陷入力犹未逮的困境。但是，台南的环保团体颇有作为，除滋养民众的环境意识，还督促政府必须积极面对与处理环境问题。第六章指出，高雄都的发展历程反映了政府的产业政策对当地环境发展造成关键的影响。高雄的重工业发展导致后劲、仁武、大社、小港、林园等地的居民长期

饱受污染、癌症等健康的威胁。面对这些，民众从无知逐渐转变为有知，并具体以环境运动或自力救济的形式来展现他们的觉醒。目前，旧高雄市的环境改善已有起色，不过整个大高雄地区仍然需要诸多的努力。第七章讨论新竹市的环境变迁。新竹是有名的"风城"，季风的影响使其有特殊的风貌。然而，几十年来的工业发展与污染问题刻画了风城的新地貌。从传统工业到高科技工业，新竹污染的争议与风险如影随形。除了难以定义的高科技争议，人地互动多样性消失殆尽也是风城在思索永续发展之路时不得不面对的重要课题。第八章讨论位于台湾中部的彰化县。结论指出，彰化县环境史的发展兼有"污染源难以根除"和"预防污染源进入"的两个特色。在"污染源难以根除"方面，大批污染程度高、技术程度低、劳力剥削严重的中小企业型工厂入驻，加以政府未规范工厂的生产行为，导致土壤和水污染成为彰化县自然环境和一级产业的沉疴。在"预防污染源进入"方面，从反杜邦、反中科四期和反国光石化三个事件可见，地方居民对于这些工业对环境可能带来的冲击已有警觉与反制。第九章讨论作为台湾绿色典范的宜兰县。宜兰县自1987年反六轻运动之后，由地方政府带头的环保意识觉醒，同时政府规划一连串的环保相关政策，确定了宜兰环保立县的目标。宜兰环保立县最主要的特色是，不但有消极地抗拒污染性工业的进驻，而且在拒绝复制台湾西部地区的"工业成长"模式后，积极地规划完整的自然环境以促成"绿色成长"的实践。对宜兰

而言，过去三十年的历史已经为宜兰缔造了台湾地方环境史独特的"绿色典范"，如何守护和延续此一典范是宜兰未来最主要的挑战。第十章讨论台湾东部的花莲县。1960年代工业化开展以来，花莲县多半扮演着输出粮食和自然资源的角色。随着西部工业发展的膨胀与转型，花莲自1990年代产业东移政策开始，一连串的开发都是试图以工业发展带动地方发展的传统思维，这样的思维也使得水泥业和矿石业造成了严重的空气污染，破坏自然生态与台湾少数民族居住地。1990年代末期，产业东移政策宣告失败，花莲在地方发展上明显地走向观光业。然而，观光业必须有意识地规划安排，才能避免环境的破坏与过大的社会冲击。长期而言，政府必须以环境的维护、多样文化的展现、在地居民的需求以及自主性发展的原则来进行规划，才能使地方发展更具永续性。[1]

在中国大陆已有不少水利研究的论著，在此只举最近的两本专书为例。2012年山西大学张俊峰出版《水利社会的类型：明清以来洪洞水利与乡村社会变迁》一书，详细探讨了山西省洪洞县的水利与社会变迁。这本书除导论外，分为六章。导论论述了相关的理论、选题、研究现状、研究方法和运用的资料。第一章讨论明清以来洪洞的人口、资源与环境特征，指出洪洞县的水资源开发利用有三种类型：引泉、引河、引洪灌溉。第二章讨论引泉灌溉和以霍

---

[1] 萧新煌（主编），《台湾地方环境的教训：五都四县的大代志》，（高雄：巨流图书股份有限公司，2015），366页。

泉为中心的洪赵泉域村庄。这个泉域面积有 3808 平方公里，泉域内平均泉水径流深 37.5 毫米。受益的村庄在宋代高达 130 余个，在明清时代约有 49 个。结论指出，从历史的角度来看，泉域社会的发展有其特有的节奏，这种节奏或与各时期的政治同步，或不存在太大的联系。本章从水资源与水经济、水组织与水政治、水争端与水权利、水信仰与水习俗等方面，对泉域社会做了全面的分析，认为分水问题是泉域社会发展过程的一条主线。第三章讨论引河灌溉，和以通利渠为中心的临洪赵三县十八村。结论指出，通利渠自清代以来的发展历程有五个要点：（1）生存环境的不稳定性造成通利渠发展运营中的诸多困境；（2）在通利渠水利社会的发展变迁中，探讨官府与民间的互动关系是一个历久不衰的主题，但尤其应该强调民间社会的主体性和主导性之发挥；（3）传统、习俗和道德因素在地方社会变迁中发挥着持久而深远的影响，应予以足够的重视；（4）关于通利渠水利组织或水利共同体的问题，虽然森田明、钞晓鸿已有论述，张俊峰则认为，共同体的概念是否适宜解释中国乡村社会水利问题，值得商榷；（5）张俊峰试图讨论的问题是传统时代政府在地方公共事务中应该扮演的角色。第四章讨论引洪灌溉，以明清以来洪洞县河西 16 渠 34 村为中心来讨论洪水资源开发与地域社会发展。讨论的七个主题依次是：水碑与水册，洪水资源特性与河西水利开发的时空进程，洪灌型渠道的组织、制度与水利特点，获取水权的途径，洪灌型区域的水神信仰，洪灌型区

域的水利争端，洪灌型水利社会的特点。总结而言，洪灌型水利社会可从四方面加以掌握。（1）就渠道规模而言，洪灌型渠系具有小型化、分散性的特点。（2）就制度层面而言，洪灌型水利社会与泉域社会、流域社会共同之处有三：渠申制、渠册制度、士绅阶级，发挥了重要的作用。（3）洪灌型水利社会与泉域社会、流域社会不同之处在于：首先，灌溉方式不同；其次，在村际渠道关系上，洪灌型渠系及村庄间的矛盾对立更容易发生，且更为频繁。（4）就社会整体发展程度而言，与泉域社会、流域社会相比，洪灌型水利社会在总体上属于糊口型经济，社会经济发展水平不高，社会发展节奏缓慢、迟滞，远远落后于经济发展水平较高的泉域社会与流域社会。第五章从洪洞研究的典型性及类型学意义，来探讨以"水"为中心的洪洞区域社会，指出值得进一步思考的问题有四。（1）从类型学意义而言，本研究产出非常丰富且值得进一步探讨研究的课题；在综合地方文献与田野调查工作的基础上，极有可能归纳出适于解释近代山西社会变迁的理论模式，实现本土化的理论追求。（2）具体到洪洞水利社会史研究上，仍然存在许多可以深入挖掘的地方。区域社会史理论本土化的实现，应建立在对地方性知识理解和分析的基础上。（3）对历史水权的思考，促使我们去思考前近代中国乡村社会产权存在和表达的基本形态，在此基础上，进一步去考察国家与社会的互动关系。（4）魏特夫（Karl A. Wittfogel）的治水理论需要重新检视。就洪洞社会而言，本

研究不同的是，通过对洪洞水利社会的分类解析，从乡村基层社会的视角充分展现出水利在黄土高原干旱半干旱地区社会变迁中的中心地位和重要作用。第六章讨论类型学视野下的中国水利社会史研究。在论述了中外学者对中国水利社会的研究后，张俊峰指出四点对未来的展望：（1）中国的水利社会史研究要有国际视野、全球视野；（2）就研究对象来看，用类型学的方法研究中国水利社会史依然有着很大的潜力；（3）在水利社会史的理论创新方面，还要充分借鉴、吸收人类学、社会学、经济学等学科的思维方式和研究方法；（4）重视新资料的发掘、整理、出版和研究。[①]

2014 年，昆明大学徐波出版《近 400 年来中国西部社会变迁与生态环境》一书，讨论社会发展与自然环境的关系。他指出，社会发展与自然环境的关系是一个历久弥新的课题。从清初至今的 400 年间是中国西部地区社会和生态变迁最剧烈的时期，但对本课题的系统研究尚无人做过。这本书是基于学术和理论上的创新性及路径的创新性来探讨这个主题。除绪论和结语外，这本书分为三篇：上篇包括第一至三章，中篇包括第四至六章，下篇包括第七至十章。第一章讨论清代以前中国西部的社会与生态环境。这本书圈定的西部地区包括重庆市、四川省、贵州省、云南省、西藏自治区、陕西省、甘肃省、宁夏回族自治区、青海省、新疆维吾尔自治区、内蒙古自治区、广西壮族自治

[①] 张俊峰，《水利社会的类型：明清以来洪洞水利与乡村社会变迁》（北京：北京大学出版社，2012），336 页。

区，以及湖南湘西、湖北恩施两个土家族苗族自治州。讨论的主题包括：西部地区的自然环境与气候变迁，生态环境的脆弱性与脆弱生态的分区，社会生活的复杂多元与统治形态的双轨制，以及明清之际西部地区的生态环境状况。第二章讨论清代中国西部政治秩序重构与一体化整合的拓展。探讨的主题包括：西部疆域的统一和有效管辖的实施，西部政治秩序的重构与边疆一体化的拓展，移民潮与中国西部的人口变迁，广袤西部社会生活的一体化变迁。要之，从这些事实可见，在清朝建立后，西部边疆一体化整合趋势大大加强，西部社会生活发生广泛的变化，而这为内地化的农耕布局的拓展提供了动力。第三章讨论西部经济发展的同质化及其生态效应。主题包括：一体化下农耕区同质化扩展，农耕区拓展对西部生态环境的影响，植被的损耗、破坏及对西部脆弱区的环境影响。显著的例子是河西走廊的沙漠化加速，处处可见戈壁荒漠。

第四章讨论中国西部近代社会变迁与生态环境的特征。首先，从理论上审视中国近代社会的变迁；其次，讨论现代视域下西部社会的变迁；再次，讨论西部近代经济的几个特点；最后，讨论近代化的生态环境效应，以及西部生态变迁幅度的扩大。第五章讨论近代化驱动下的西部农业与生态环境。探讨的问题包括：清末民初的西部拓垦，抗战时期西部农业垦殖的继续扩大，近代西部农耕区扩张的驱动因子，近代西北农业开发强度的陡增，农耕区拓展对西北生态环境的影响，强适应性作物在西部地区的广泛传

播及其对生态环境的影响，烟草种植与土地利用，鸦片种植与土地利用。这些论述显示："近代中国西部在土地利用、粮食生产和农业结构等方面都发生了较大变化。传统农业中心区非粮食作物用地的扩大，促使边缘区和山地增加粮食生产，而受限于低下的农业发展水平，不计生态后果的传统模式同质化农耕区拓展也就成了人们最终的选择。"第六章讨论西部工业化的早期成长与生态环境。讨论的课题包括：西部现代性经济的阶段性成长，抗战时期中国现代生产及社会重心的西移，西部现代工业布局的形成，西部重工业的特点与分布，以矿业为中心探讨重工业兴起对西部生态环境的影响，新旧生产方法的污染分担率。要之，近代后期西部工业由于传统土法生产与现代机器生产的并行与叠加，工业生产总体强度增加、区域扩大，其环境影响也较前期增强。

第七章讨论总体性社会架构与现代中国西部的社会变迁。探讨的主题包括：总体性社会的形成，总体性社会的影响，西部社会的一体化转型及与内地同构性的空前加强，制度设计与西部族群关系的格局和走向，人地矛盾与生态环境的急剧恶化。要之，西部地区现代生态环境的问题主要表现在：自然生态条件恶劣，环境容量低，生态系统脆弱，人类的过度活动导致生态系统急速退化，生态功能下降，生物多样性减少，自然灾害加剧。西部地区的生态环境问题以生态破坏最为突出，表现在林草植被减少且分布极不均衡，水土流失严重，土地退化严重，水资源短缺，

工业污染严重，等等。第八章讨论 20 世纪 50—70 年代经济同质化发展的极盛状态及其对环境的影响。讨论的课题包括：赶超型工业化模式的发生机制，西部地区重工业化结构的强化，赶超型重工业化道路及其环境影响，20 世纪 50—70 年代西部生态环境的变迁，"双纲"指向下西部生态的破坏，农业社会主义对生态的深刻影响，二元社会制度、逆城市化运动下的西部人口与环境。徐波认为，在 20 世纪 50—70 年代的三十年间，西部生态的消极性变迁固然要归咎于耕地的过度扩张，然而其根源则在于遏止生产力的制度安排，使农民对土地的经营态度消极从而导致生产效率低。这种僵硬的体制难以突破，导致这三十年间的增产只能依赖扩大耕地面积，从而导致生态恶化。第九章讨论当代（1979—2010）中国西部社会变迁与生态环境的特征。首先阐述当代中国社会转型的理论，接着讨论移民与社会流动，人口转变与经济膨胀，财富-利益的新格局，城市化的路径及效应，经济开发的空前强化与社会生活的广泛变迁，区域差距继续拉大，环境变迁急遽加速，环境二元化、区域差距与民族关系。要之，环境二元化与区域差距交织，使西部人口贫困化、边缘化乃至对社会生活的变异感、不安全感和不公平感扩大。第十章讨论当代社会转型与中国西部环境问题。探讨的问题包括：中国生态环境的国际关切，中国环境污染的状况与特点，中国西部生态环境的严峻形势，当代社会转型中环境影响的普遍特征，当代西部高速工业化的环境影响，市场化转型中西部环境问题的特

殊性，分成地租制下的区域竞争，强势政府、半统制经济与屠弱社会。要之，在现有体制的束缚下，中国西部地区并没有发展出公民社会。中国改革三十年来，民间组织的数量虽有较大的增加，但社会的发展始终处于较低水平。民间组织发育的不良和畸化，使国家、市场、社会三者的结构严重失衡。[①]

2016 年，郑州大学王星光、张强、尚群昌合著的书，以夏代至北宋时期黄河中下游地区为中心，探讨生态环境变迁与社会嬗变互动，分为八章，依序论述夏代以前，夏代、先商时期，商代，西周时期，春秋战国至秦汉时期，魏晋南北朝时期，隋唐时期以及北宋时期。在结语中指出，黄河中下游地区是中国最早开发的地区，在漫长的史前时代一直是人类的宜居之地。丰富的考古资料显示，经过旧石器、新石器时代和原始农业、手工业的发展，夏代建立，后来商王朝也在此崛起，但商人多次迁都，在盘庚迁殷后，才结束迁徙频繁的局面。到了周代，择移周原，其良美的生态环境为擅长农耕的周民提供了得天独厚的条件。西周中后期出现的寒冷气候导致严重的饥荒，渭河平原地区被南侵的西北戎族所占领，周人不得不东迁至黄河中下游的洛阳。生态环境变迁对周代的兴衰发展起了巨大的作用。在春秋战国时期，干旱现象引发了以农业灾害为主的多种灾害。秦汉时期气候最明显的变化是干旱加剧，引发大规

---

① 徐波，《近 400 年来中国西部社会变迁与生态环境》（北京：中国社会科学出版社，2014），550 页。

模的农民起义。在魏晋南北朝时期，黄河中下游地区进入较寒冷时期。此时期的《齐民要术》总结出耕耙耱的耕作技术，表明北方地区防旱的精耕细作技术已经形成。在隋唐时期，出现了中国历史上难得的"天时、地利、人和"的景象。但安史之乱打破了盛世局面。而天宝中期（748年）以后逐渐冷干的气候造成粮荒，又使黄河中下游地区的社会经济遭受重大的破坏。唐代末期，北方人口大量南移，气候变化成为唐朝走向衰亡的客观原因。到了五代、北宋时期，中国进入"中世纪气候最佳期"。但宋代也是灾害频仍的朝代。到了北宋末年，气候逐渐转为干冷，农业生产凋敝，天灾人祸并至，都城被迫南迁，黄河中下游地区自夏代以来长达三千两百多年的全国政治、经济、文化中心的地位丧失殆尽。①

综上所述，关于社会环境的理论和实证研究显示，人类社会与环境的互动显现在许多层面，值得从事环境史研究的人多多重视，以拓展我们的视野，并合理解决当前社会面临的环境问题，并在未来避免重蹈覆辙。

---

① 王星光、张强、尚群昌，《生态环境变迁与社会嬗变互动——以夏代至北宋时期黄河中下游地区为中心》（北京：人民出版社，2016），415 页。

第五章　环境与政治

政治是管理众人的事，环境问题与众人的生活和生存息息相关，因此，如何以政治手段来管理环境问题成为现代国家的重要任务。正如环境经济学一样，环境政治学也是在全球变暖与环境变迁的趋势下，在政治学中新兴的一门分支。本章将以涉及环境政治学的一些文献来介绍相关的理论和实证研究。

早在1975年，鲍穆尔（William J. Baumol）与奥茨（Wallace E. Oates）在探讨环境政策的书中指出，人类对环境质量的影响取决于两件事：他所做的破坏和他为消除破坏所做的努力。在理论研究的文献中，大部分都只处理前一件。但为了理解困扰我们环境的一些最紧急的问题，我们必须同时考虑这两件事。例如，城市街道的清洁度同时取决于垃圾被丢和被清除的速度。丢弃垃圾是一个外部性的问题，清除则是一个公共服务供应的问题——涉及卫生部门的预算与资金使用的效率。如果我们要解释公共卫生的情况或趋势，必须同时考虑这两项因素。外部效应与公共服务的水平能够同时决定环境的情况：一个特定地区的

环境条件，同时取决于私人行动破坏的程度与用来维持的公共资源。大多数观察者所见的无处不在的外部性问题中最严重的包括：（1）二氧化硫、铅以及其他大气污染物；（2）污染河川的各种可降解和不可降解的废弃物；（3）DDT及其他杀虫剂，透过各种方式渗入食物中；（4）邻近地区恶化成贫民窟；（5）城市道路的拥塞；（6）都会区的噪声污染。很清楚的是，涉及这些情况的个人是数目众多的。我们要再度强调，协商常因大量人数的出现而被排除，他们或者是站在衍生外部性的一边，或站在受灾者的一边。

有许多外部性带有公共产品的特性。与其把这些外部性当作公共产品，我们更倾向把它们称为不可耗竭的（undepletable）外部性。一个外部性可能是不可耗尽的，却满足了排他性的要求，这常被认为是由公共产品的特性所违反的。虽然没有法律或制度来阻止定价的过程，假如收集价格的成本超出潜在的收获，一个可耗尽的外部性通常将被允许来坚持。在实践中，可耗尽的外部性主要来自制度执行有效地防止财产权的分配，而容许执行正常的市场排除和定价程序。

在一个竞争的经济中，由于可展开的外部性之出现而造成无效率或资源分配不当，可以简单地要求一般价格等于边际社会成本（效益）。在行政（交易）成本并不过度时，一个适当的价格可以避免由于可耗尽的外部性存在而造成的配置不当。对于外部效益的提供者，最优的价格是

正的，正如有害的外部性之提供者，其价格是负的。但是对于消费者来说，不可耗尽的外部性之最优价格是零，因为消费人数的增加对其他人既无成本也无效益。很清楚的是，没有价格可以同时是零或非零，从而价格系统不能处理这种情形。那么，外部性的牺牲者是否应该被课税或给予补偿呢？从行政的角度来看，补偿或课税对牺牲者来说都是不受欢迎的，因为在实践中，为很多受到外部性影响的人计算并付给补偿，是几乎不可能的。总之，只有在外部性可耗尽的情形下，延展一般价格的系统可以作为有效的分配机制。相反，在外部性不可耗尽的情形下，价格不能发挥作用。然而，补偿可以做到。这个设计的卓越特性之一是，它可以承担在可耗尽的外部性情形下的对称，或在不可耗尽的外部性情形下的不对称。必须强调的是，不论一个外部性是金钱的还是技术的，最终可比较的效应很可能同时涉及相关变量的价格和价值的改变。技术的外部性情形下，价格将会受到影响，并且当它们的用途被改变时，甚至连投入因素的价格也可能被改变。

至于环境保护与所得分配的问题，鲍穆尔与奥茨认为，假设环境质量是一种正常商品，我们预期最富有的个人将愿意买更多。改善环境质量的计划应该配合特别为抵消任何分配后果而设计的规定。相关的条件包括：（1）在环境质量规定中的效率和公平；（2）不同阶层对环境质量的要求；（3）环境质量规定的公共产品模型；（4）借着选择地点提出完善适应的模型；（5）环境计划效益的分配；（6）

过渡性成本的分配；（7）持续性成本的分配；（8）环境政策中的分配考虑。要之，模型和证据都支持，改善环境的计划提高高所得群体的利益多于贫穷者；它们可能在真实所得的分配中增加不平等的程度。事实上，富人和穷人常需要直接地感受到他们从环境计划中收获的差异。对于这些观察的反应有两种极端。一个极端是，经济学者可能过分简化反应，坚持资源的配置和所得分配是两个分开的问题，任何人不被允许干涉他人的理性解决方法。无论分配的含义是什么，每个人应该寻求有效利用资源的政策，让其他政府部门采取达到更公平分配所得的步骤。另一个极端是，很少被以最强烈的方式来坚持的主张，认为消除贫穷是较环境保护更优先的问题；如果后者干预前者，情形会变得更糟。环境保护延缓了把不平等降至合理比例的迫切需要。这两种观点都不能被接受。再分配政策在过去的表现并未让我们有信心，以为环境计划引发的再分配后果将多少被抵消。此外，在更务实的程度上，不能够至少纠正最刺眼的再分配之侮辱将引起对于采用合适的环境计划更强烈的反对。另外，延迟环境措施的开展并不是一个吸引人的选择。如果有重要的公共卫生和最终生存的问题，甚至是最贫穷的公民都没有理由去感谢坚持采取行动的立法者。这暗示我们需要把明智的重新分配规定融入环境计划，同时作为正义的问题和提高政治可行性的手段。然而，我们不应该看不见环境计划的主要目标是分配：它们的基本原理

是利用资源导向可以达到想要的环境质量。[①]

1993 年，甘迪（Matthew Gandy）的书讨论当代环境政策在废弃物回收上的问题。他指出，研究都市废弃物是分析环境政策特别有趣的问题，因为它主要包含由个别家户产生的后消费废弃物（post-consumer waste）。把焦点放在回收上，透过公共参与的个别化形式与政治行动，以及采用基于市场的政策工具，可以检视提倡绿色消费主义的新形式的环境政策。回收政治的一个突出例子是，英国政府在 1990 年的白皮书（*This Common Inheritance*）上公开承诺，将在 2000 年使家庭废弃物回收率达到 25%。当代对于回收的兴趣增加引发了两个中心问题：其一，这个国家目标在现有的立法与决策架构下是否可以达到；其二，较高比率的物质回收，涉及严格的检视回收与废弃物管理文献中现有的辩论。

市场的政策有三种。（1）绿色税收与影响生产者和消费者行为的财政办法。诸如对可回收和不可回收产品课以差别税收；对特定产品与包装材料课税，以反映其环境冲击并且不鼓励它们的使用；以重量或垃圾箱的大小为标准，对家户直接收取收集和处置其废弃物的费用；押金制度与保证金制度；可销售许可证制度。（2）在废弃物政策中针对市场失灵的改正办法。诸如垄断定价权；经济活动的成

---

① William J. Baumol and Wallace E. Oates, *The Theory of Environmental Policy: Externalities, Public Outlays, and the Quality of Life* (Englewood Cliffs, New Jersey: Prentice-Hall, INC., 1975), pp. 1 – 29, 191 – 201.

本外部性，把废弃物管理成本内部化以鼓励回收再利用和减废；在税制和政府支出的扭曲中，移除政府对原材料的补贴并征收原材料税；在价格制度上，确保原材料和次生原料的运输成本并未被扭曲并且反映边际成本。（3）中心原则包括：政策强调自愿的回收计划和使用较便宜的产生回收物之系统；反对国家干预，除非是为改正市场失灵；把回收的定义扩展到包括能量的回收热值。

至于非市场的政策，则有两种。（1）规范办法。诸如强制回收计划，控制单向包装，控制多余包装，控制不可回收的产品，限制或禁止有毒产品或其制作过程，限制可能被弃置到城市废弃物流中的物品。（2）中心原则。诸如聚焦于物资回收而不是能量回收最大化；聚焦于降低废弃物流的规模，并在源头处理废弃物的产生；强调使用路边的收集系统以使物资回收最大化；整合政策与更广的目标，如创造就业与提倡小规模的"软"技术；与对于社会和经济组织不同选择形式的政治需求相联结。[1]

另外，布莱登（John B. Braden）等人在 1996 年探讨环境政策的书中指出，大多数研究环境问题与政策的学者都把他们的分析立基于单一的政府，借着限制授予厂商和消费者利益来执行政策。但是许多环境政策的管辖区并没有单一的政府，而是联邦或联盟；美国是联邦，欧盟则是联

---

[1] Matthew Gandy, *Recycling and Waste: An Exploration of Contemporary Environmental Policy* (Aldershot, England: Ashgate, 1993; Reprinted 1997, 1999), p. 1, 60.

盟。联邦与联盟共同的基本特点是，中央、地区和地方政府分享着强加政策的权力。一个显著的区别是：在联邦制度下，中央政府对于公民至少有一些直接的权力（例如征收个人所得税）；而在联盟之下，只有构成的国家可以对公民有直接的权力。此外，在联邦制度下，常常会有一些领域是联邦政府所独有，诸如国防、货币政策及外交政策，而在联盟之下，最终的权力在会员国。在联邦或联盟制度下的环境政策可能在理论和实践上都相当偏离教科书的环境政策。在联邦情境下所制定的环境政策呈现一些事实，但环境科学家，包括环境经济学家，并不太注意这个事实，这使我们相信这个问题应该放在研究的议程中。至于研究的问题，则包括：（1）在（非）联邦体制下的环境政策决策，最适当的水平是什么？对所有的问题并没有独特的最佳水平，最佳水平随着眼前问题的变化会有不同。在有些情形下，最佳水平可能包括不同层次的政府之间的控制。（2）为推进环境目标，是否需要由联邦或中央政府调整产品规范、产品标准与技术规则？（3）政策制定与执行的政府层如何影响政策工具的选择？[①]

1997 年，肯普（René Kemp）的书讨论环境政策与技术变迁。他指出，直到最近，污染问题都被看作不可取的，是相对不重要的副作用。污染问题在范围上的增加，由于

---

① John B. Braden, Henk Folmer, and Thomas S. Ulen (eds.), *Environmental Policy with Political and Economic Integration* (Cheltenham, UK and Brookfield, US: Edward Elgar, 1996), pp. 1 - 2.

累积的生命周期长于污染物，以及对环境质量的更高要求优先，已经对技术有新的要求。今日，对于清洁的生产过程与产品有一种强烈的呼唤，以把我们的路径导出已感知的环境危机，代表着技术同时是环境病的原因和解药。只有技术是不是足以转型到环境可持续的未来，并不清楚。这将依赖公共和私人支持对环境有益的技术，以及进一步成长的人口与经济产量将与人均排放量的降低妥协，并且更有效率地利用自然资源。把自然资源当作一种低价或零价格的公共产品来利用，尤其是以其作为对环境有害之排放物和废弃物的接收者，使得个别污染者可以把环境成本转移给他人，包括未来的世代。在这种情况下，技术改变成为有利于使用公共产品的资源。政府的干预最需要的是，确定污染者把他们对环境有害的排放减少至对社会更有效的程度。在技术改变的经济学中，有两个发展得较好的取径：新古典（neoclassical）的取径，在其中发展和采用新技术的决定是在不确定的情况下所做的经济的成本效益决策；而演进的（evolutionary）或新熊彼得式（neo-Schumpeteria）的取径，则建立在熊彼得（Joseph Schumpeter）的理论之上。每一个取径有其自己的优点和缺点。对一些问题来说，新古典模型比较不适当。例如，如果我们要了解在技术或技术体制转移中，技术系统的重要部分与社会和组织的变化，新古典的完美讯息世界与最大化是较不适用的。因为每一个技术体制隐含着不同的技术关系，与讯息网络的关联，需要一种不同形式的做法，一种寻求在技术上和经济

上相连的创新，并且制度（经济的、社会的和政治的）会
形塑和限制经济的决策与技术选择。在这种情形下，演化
的或新熊彼得式的模型是更合适的。在经济的进化论核心
中，最佳的行为者与技术不能在事先决定经济计算的基础，
但在事后可以透过社会的需求、其他厂商与组织的行动、
科学和技术的新发现以及政府的干预来决定。它与生物的
进化论分享着变异和选择的区别。在经济世界，变异是被
选择或未被市场挑选的发明。与生物演化论不同的是，变
异是经济行为者深思熟虑后的选择，而不是随机的，虽然
机会常常扮演着重要角色。另一个不同是，选择的环境受
厂商的活动和策略所影响和改变。这表示在经济世界，在
变异和选择之间的回馈比在生物世界中的机械化程度更低；
有目标、目的、计划和策略，而且大多数是反映他们的作
为与可以做更佳选择的行动者所能预见的。

　　肯普采用新古典的概念工具及演化论的思路，在某种
程度上，结合了这两种方法。他也探索更广泛的问题，复
杂的技术系统如何发展和改变，公共政策如何被引导和转
移到能够让环境更永续的体系。他的目标有三：（1）分析
和比较各种污染控制工具在创新污染控制技术方面的效用；
（2）分析不同的政策取径在限制环境有害排放方面对扩散
环境节约过程与产品的效用；（3）检讨技术体制转移的问
题。以上三个目标以不同的模型来加以分析：（1）以新古
典新模型来加以分析；（2）以理性选择扩散模型与两个经
济计量研究来加以分析；（3）从演化论与新熊彼得的理论

视角来探讨。

肯普的书对技术的定义有以下考虑：（1）区别技术改变（technical change）与技术性改变（technological change）；（2）区别发明（invention）与创新（innovation），创新主要用于新的或改良的生产过程，使用新的或不同的材料；（3）发明和创新构成技术性改变的头两个阶段；（4）直到现在，创新已被用它们在生产系统中的功能来描述其特征；但另一个更重要的层面是创新构成了激进地与过去分离的程度，所以要区别"激进的"和"增加的"创新；（5）细分激进的与增加的创新是由韩德森（Henderson）与克拉克（Clark）首先提出，他们也更进一步地区别结构的（architectural）和模块的（modular）创新；（6）弗里曼（Freeman）与佩雷斯（Perez）区分增加的和激进的创新，但也把激进性再分为社会的和经济的冲击；（7）当创新在技术上和经济上相联结，弗里曼与佩雷斯提出新技术系统（new technology system），当技术系统的变化具有普遍的效用，几乎直接或间接影响经济的各个部门，弗里曼与佩雷斯称之为技术-经济范例（techno-economic paradigm），这样的范例给予技术的和经济的优点一种新的综合；（8）环境技术可以广泛地定义为每一种技术、过程或产品所保存的环境质量，环境质量可以直接或间接地保存。环境技术可以分为六类：污染控制、废弃物处理、清洁、回收、清洁产品、清理技术。另外，监控和评定的技术也被归类为环境技术。

对过去的环境政策之技术效应，大部分的研究是探讨1970年代和1980年代初期美国的情形，以职业健康和安全规章为主。对于安全规章最常见的反应是增加的创新和传播现有的技术。激进的创新只出现在多氯联苯（polychlorinated biphenyls，PCBs）、氯氟碳化物（chlorofluorocarbons，CFCs）以及含铅汽油方面，这些有害健康的产品都被规章严禁。有一些个案研究显示，规章促成工业的现代化。在美国的纺织工业中，棉尘的标准促使厂商致力于提升纺织技术。另外，转移到CFCs的替代品也得到一些成本的收益。从OECD的一系列研究中也可看到，规章并不必然损害一般的商业创新。这些研究发现，环境的压力常常因为改善生产过程的计划而得到改变。上述的情形可能让人以为环境政策在提倡环境友善的技术改变方面是成功的。但这并不是真的：在大多数情形下，政策只导致扩散现有的技术，环境利益很有限，而且有时政策甚至会失败。在1980年代中期以后，反规章情绪高涨，尤其是在美国，阻碍了当局引进严格的环境规章。除了严禁CFCs以外，1985年以后环境政策很少带来基本的技术改变。

至于经济的动机是否对环保节能的技术提供了较大的激励，肯普认为，经济模型提供足够的基础，以决定基于动机的取径（诸如污染税或污染许可交易）是否优于提高技术性创新的标准。问题是：在节能设备中有多少创新真正刺激能源价格？而这些创新的效用如何与规章的效用互

相比较？至于美国经验与创新豁免权的问题，创新豁免权
是把动机设计在环境规章之中。一般而言，创新豁免权延
展了工业必须安装污染控制设备以符合排放限制要求的期
限。在理论上，创新豁免权似乎对有潜能的创新者和制定
规章的机构都有吸引力。在实践上，它们并没有达到预定
的效用。据阿什福德（Ashford）等人 1985 年的研究，失败
的理由如下：（1）法规对其要求常常是不明确的；（2）短
而无弹性的最后期限成为对创新的不利因素，尤其是需要
长时间发展的突破性发明；（3）在计划管理上有一些缺陷。
回顾起来，可以很容易了解创新豁免权为何失败。这并不
是要取消创新豁免权本身的资格。面临的问题有一些补救
措施，诸如由受过训练、能够与工业互动的人来执行计划，
建立技术审核小组，划定合格的标准，以及设置较长的时
间许可。然而，这些都说明了设计规章以鼓励技术转向来
有效保护环境质量是困难的。

以投资补贴作为一种在政治上有吸引力的工具，在过
去的环境政策中有其重要地位。在荷兰，有不少研究探讨
投资补贴在技术上的冲击。第一项研究以当局的意见为基
础，发现对环境技术的投资补贴（占总投资成本的 15%）
只吸引 8% 的厂商去进行他们可能不会做的投资。肯普在第
七章对荷兰的统计资料加以分析，发现补贴与热家居改善
和绝热扩散技术之关系只有微弱的正相关。要之，从不同
的研究产生的结论是，投资补贴对提高环境有利的技术之
传播是相当有限的。在大多数的情况下，它们提供了意外

利润给申请人。然而，至少在具有可比较的服务特征之替代技术存在时，投资补贴与环境的组合可能是加速推广清洁技术的一项有效政策。例如，1986 年，荷兰政府为清洁汽车制定了一项补贴，并对高污染排放的车课税。这个系统的运作是以收取高污染汽车的税收来支付清洁汽车的补贴。这个政策被证明很有效：清洁汽车在新车出售中所占的比例由 1986 年的 15％增加到 1990 年的 90％。不过以荷兰的环境技术研发（R&D）补贴为例，补贴在发展最利于环境的技术上，效果仍然有限。在行业与政府间使用契约方面，以八个与生产有关的契约加以分析，结果发现大多数契约是关于替换对环境有害的物质，而且效果通常不佳。再者，也很少有证据说契约培育了技术创新。

关于技术体制的继续和改变，由相关历史研究所得到的结论是，技术改变是一种累积而渐进的过程，在相当特殊的方向上前进。隐含在这些技术进步之下的是对于改善的机会所具有的工程的思路和信仰。这些工程的思路和信仰将会走向何处，解决什么问题，以及利用什么知识，常常是在技术专家社群中分享。这些信仰被分享的理由是相信其与经济供需因素有关，而不是受想象的认知所限制。关于技术体制的转移，一般是认为新的科学观开启新的技术和经济机会。另一个重要的因素是，紧迫的技术需要不能以现有的技术来应对，而需要基本上不同的解决方法。这些技术性的需求可能来自瓶颈或成长的技术体制中的反向刺激。一个反向刺激的例子是汽车拥塞的道路与燃烧石

化燃料所累积的温室气体。另一个紧迫技术需求的例子是，劳力冲突、军事需求、主要投入因素的供应短缺。另外也有组织性的因素。激进的创新常由新成立的厂商产生，或工业分异到新市场。另一方面，新技术的发展可能由对新产品有兴趣的工业或组织来培育。在发展激进的创新时，承担风险的倾向也可能是一个重要因素。承担风险的企业家常被认定是要发展激进新产品。需要强调的是，企业精神与先驱厂商主要在于引导其他厂商一起承担风险，而不是他们可以达到的市场份额。最后一个通识是，非市场机制在建立新技术体制或范例时常是很重要的。至于转移到新技术体制的问题，一是因为在一个特殊市场中可以利用新技术；另外，激进的技术也可能有益于在其他部门累积经验，并借着网络的存在而容易推广。激进的创新常结合新与旧，因为这有助于产品在严酷的市场选择中存活，并在市场上站稳脚跟。新技术系统的成长与制度的适应有关，也与在技术与社会制度架构之间相适应有关。

至于需要有一个技术变迁的演化模型，则采用社会技术的系统模型来分析。为了分析涉及引导转移烃系能源（hydrocarbon-based energy）技术，采用了"技术体制"（technological regime）的概念。这个概念被定义为科学知识、工程实施、生产过程的技术、产品特征、技术与程序构成的一个技术整体的制度与基础设施。技术体制背后的基本理念是，技术进步在一定的方向上前进，不管相对价格。对能源经济学的批评，主要在于它是基于有点简化的

能源系统中的技术改变；尤其是许多经济学者太容易假定厂商和消费者有技术的选择。相反，由于能源技术的整合性质，厂商和消费者在相当程度上是被"锁"在现存的技术之中，而可用的选项相对有限。锁住可以因许多理由而发生。或者，在社会经济或组织的背景下，某种技术可能没有充分地发展。在大多数文献中，这些技术变迁过程的各方面并未被充分地认识和解决。技术体制的概念有助于我们了解为什么能源技术的选项难以有所影响。另外的问题是挪用高度系统化的技术，意思是以营利为目的的组织不情愿投资这些技术。再者，发展非烃系能源技术并不是资本密集的石化厂商的兴趣。最后一个影响发展可再生能源的因素是，优势的工程相信再生能源较不可靠，以及能源技术过度昂贵。

更可永续的能源系统有三个方案：照常营业（business-as-usual）、淡绿色的能量（a pale greening of energy）、绿色突破（a clean break）。从社会福利的角度来看，哪一个方案是最佳的呢？在公共政策决策中的意涵是什么呢？要回答这些问题有必要从第二方案着手，尤其是用第三方案来鼓励再生能源和更有效的能源技术。理由如下：（1）再生能源有大量降低温室气体排放的潜能。（2）被"锁在"现有发展中的理念是技术变迁演化模型的核心，提供理由给政府来支持具有高度环境和社会效益的激进能源技术。（3）更密集地鼓励非石化能源技术是因为它们不但减缓全球变暖，而且产生许多其他的利益；它们生成重要的空气

污染效益让许多国家减少对外国能源的依赖，从而减少快速的价格起伏和供应中断。再生能源可以帮助发展中国家进一步发展。掌握再生能源的潜力很重要的是要依赖政府的干预。有一个做法是让市场反映负面的环境成本，让价格反映环境的真相。这也正是经济学家主张政策决策者应该做的事：透过污染环境成本的内部化来合理化能源市场。这样的取径并不错，但没有认识到社会被特定技术锁住的方式。

协助激进的原创技术把自己改造为现代经济中的优势技术，有五个机制：（1）有用的知识与经验（在大学和组织中）可以用来生产和销售激进的技术；（2）存在早期利基市场；（3）有规模可以分化和扩大，克服初始的限制，以此减少成本；（4）建立一个行动者（供应者、消费者、规范者）的网络，需要有半协调的行动，以实现大量的转移到互联的技术与实践；（5）克服和适应社会的反对和消费者的抗拒。重要的是，要认识到这五个因素并不是独立运作，而是借着自我强化的反馈环和多方向的联结互相关联。在讨论可能的政策以鼓励可再生与其他对环境有益的技术时，这些是有用的。它提供了一个架构来检讨技术策略与政策行动。

转移到永续的环境可以进一步作为公共政策的新任务，有异于旧任务中的防御、核子及航天技术。这样的任务将明白说出改变的需要和指导我们应往何处；它也可以让政策决策者对永续发展的目标做出更强的承诺。这个任务是

基于对特定的环境问题提出经济上可行的技术解决方案来加以定义。任务导向计划的关键因素是：促进发展和采用大范围的有潜在利益的技术，包含在技术发展与选择过程中的许多行动者，以及采取一种渐进的创新过程之途径——亦即，偏爱发展时间较短的技术、小规模计划、低资本投入水平以及对公共设施最小的需求，以避免过度投资于后来才发现不可用、太昂贵或对环境有害的技术。这样的渐进途径将有利于可再生的能源技术，并警示花销很大的规模任务导向计划，如核子裂变和融合。如果我们注意政府的能源研发经费，可以发现，在 1979—1990 年间，国际能源署（IEA）的成员国中，有 59% 的政府能源研发经费是用于核能，15.2% 用于石化能源，9.4% 用于再生能源，6.3% 用于能源节约。另外，社会科学家也应该在能源技术的评估中提出不同的观点，以讨论消费形态、生活方式与价值。

除了对能源技术的评价，在传统政策限制对环境有害的排放（诸如课征污染税与制定减排标准）之外，建议采取下列政策行动以达到永续发展。（1）以特别的科学与技术计划来支持有希望具有长期利益的新观念。这种计划的重要标准是相对于其他技术的环境效益、经济成本与降低成本的潜力以及社会的接受。（2）可以透过政府的采购、规章、税制、投资补贴计划等等为新兴的能源技术建立一个利基市场。这样的利基市场可以当作进一步发展环境有益技术的踏脚石，也可以有助于解决采用激进能源技术的

一些经济不确定问题。（3）公共当局可以建立一个技术供应者、研究团体与消费者的网络以处理技术问题、定义技术标准、寻找分摊成本的方法以及处理争议等等。（4）作为一个需求面的政策，要在能源与环境事务中形成清楚的目标。（5）认定能源技术传播与执行政策的瓶颈，这些瓶颈阻碍节能技术与能源效率，及最终用途的技术。可能的政策是信息传播、产品的能源效率标准以及清除制度障碍。（6）能源政策必须与其他政策协调，不但是环境政策与科学技术政策，而且是农业与交通政策、城市与农村土地计划、建立规则、劳工政策等等。现有的政策常常很少考虑环境的方面，从而常常造成了实现环境目标的障碍。（7）保育环境的国际政策。重要的是，环境政策要在最广泛的国家中执行。单打独斗在全球公地的情况下，不但会适得其反，而且对个别的国家来说，代价昂贵。在国家层面上形成环境政策的最大障碍就是需要国际协调。（8）帮助第三世界国家和其他较不发达国家来发展更环境友好的能源系统。这些也是较少被烃系能源"锁住"的国家。然而，优先解除人民贫穷与增加物质财富，将几乎肯定地使这些国家选择较便宜而不是较清洁的能源技术（尤其是假如他们有丰富的石化燃料储量，如中国）。需要有来自工业化国家的技术和财务支持，以确保这些国家不破坏他们自己的自然环境来恶化全球的环境。

另外，还有一些为有潜力的技术创造受保护之空间的问题。（1）在保护与选择压力之间必须找到平衡。太多的

保护可能导致昂贵的失败，太少的保护可能限制发展的其他途径。这就需要针对技术支持政策监控和定期评估。（2）并没有成功的保证。改变的情况可能使技术较不能吸引人；再者，技术的保证不一定会实现。因此，重要的是透过能够广泛运用的成本来提倡技术，从而，即使技术没有产生短期效益，在长期它可能还是有用的。（3）政府可能难以停止对一项技术的支持，因为已经做了投资而且受益于这些计划的人可能反对。要之，这不是容易的工作。考虑到技术的可能性、经济的成本以及社会想要的解决方案，不确定性使得政府极难有效地干预技术的发展。技术的研究阐明了困难性和复杂性，但也提供一些想法来把技术导向环境的目标，把技术调整到可以同时有短期效益和长期效益的方向。

肯普在结论中指出三个方向。一是有关环境政策的创新效果。较之于减排标准和污染税，可交易污染配额与创新豁免是提倡创新的较佳工具。二是环境政策的技术传播效果。三是培育环境技术的最佳政策工具。对于清洁的技术并没有单一的最佳政策工具，所有的工具都有其角色，依其所用的情况而定。细分来看，有以下 14 点。（1）环境标准：如排放标准、技术强制标准、长期标准以及罚款制度等。（2）经济激励：分散化的激励制度是指挥控制政策之外的选择，但各有优缺点。（3）补贴：对于更清洁的技术之需求有不确定性，一部分是和政府政策的不可预期有关，可以求诸使用研发补贴或贷款。负责补贴计划的机构

应该小心不要去鼓励二流的技术，应只限于有益的技术。（4）契约：在欧洲和美国，契约是环境政策的一种新政策工具。在政府与一个工业部门所订定的契约中，工业部门允诺在一定的时期内为其活动逐步地减少环境的负担。但使用契约也有不利之处，工业厂商可能进行搭便车的行为或未充分利用创新的机会。（5）通信：在处理有关产品与生产过程时，通信工具可以成为有用的政策工具。（6）在异质的厂商采用不同的生产技术的情况下，经济工具很有吸引力。这些工具比制定标准更有经济效率，但也有一些限制。（7）环境当局广泛分享的观念是，规章在促使厂商投资于环境的措施时是比较有效而且合适的。经济工具是用于补充而不是取代规章的要求。（8）一般而言，经济奖励可能更适于鼓励技术的传播而非创新。（9）政策工具必须互相结合以达到协同的效果。在标准与经济工具结合时，尤其有效的是结合效用和效率。（10）技术体制转移的问题。（11）环境永续性的问题，不但要求发展和采用更清洁的生产过程和产品，而且需要复杂的技术体系的改变。（12）有些技术和设计成为主导，依赖的并不只是工程的信念和想象，也依赖累积的知识，在某种设计中达到的成本效益，围绕某种技术的基础设施，以及嵌入经济系统和人们的生活方式的技术。（13）在政治上可行的碳税并未强到足以引领我们离开石化燃料。我们需要的是定义得更好的能源技术，如以气化为基础的生物质能、燃料电池、光伏、联合循环电力系统、二氧化碳脱除等等。（14）这些

事物暗示的是，需要有特殊的科学和技术计划来保证有长期效益的能源技术。政策决策者也应该从事新技术的实验，以便了解它们的经济成本、技术可行性以及社会接受性。①

菲舍尔（Frank Fischer）与哈耶（Marrten A. Hajer）在 1999 年《与自然共生》一书的导论中指出，很多对于当代环境政治的分析都把 1992 年里约的联合国环境与发展大会当作一个转折点，生态危机（ecological crisis）在全球层面终于被接受为事实，并面对着全球的政治。这个全球转折带来了观察和了解世界的一个新方法。所有的环境问题应该以更广泛且包罗万象的生态问题来理解。这个新方法见诸"永续发展"（sustainable development）的新政治策略，勾勒在 1987 年联合国的布伦特兰委员会报告《我们的共同未来》（Our Common Future）。的确，里约会议阐明了一些大规模的问题：减少二氧化碳排放、停止森林砍伐的必要，南方国家有限的发展途径，对抗贫穷的需要，发展水资源管理的新策略和保护生物多样性。再者，里约会议通过了《21 世纪议程》（Agenda 21），同心协力来处理这些问题的长期目标。1997 年于纽约召开的"里约 + 5"会议是一个警钟。它提出一些非常令人烦恼的发现——在里约峰会上所做的重要承诺没有一个被保持。协议是要在

---

① René Kemp, *Environmental Policy and Technical Change: A Comparison of the Technological Impact of Policy Instruments* (Cheltenham, UK: Edward Elgar, 1997), pp. 1 - 3, 7 - 11, 242 - 259, 263 - 278, 280 - 311, 314 - 327.

2000 年把二氧化碳排放降到 1990 年的水平，然而 1997 年
的排放却比从前高；协议要提高北方对南方国家永续发展
的援助达到 1992 年 GDP 的 0.7%，完全未被注意。在里
约会议后五年，外国的援助甚至少于里约会议时。同样令
人困扰的是，森林覆盖率持续降低，水资源管理被认为已
经失败，对于生物多样性的承诺已被忽视。讽刺的是许多
国家在过去五年已经历了成长。更多的经济成长已简单地
导致污染。当然，里约会议的失败反映了缺少政治的决
心。的确，里约协议应该是环境政治与政策令人失望之缓
慢过程中一个特殊的高潮。因此，里约会议及《21 世纪议
程》不应被解释为环境论述本身的高潮。

永续发展的观念的贡献是，为不同的经济和环境利
益可以汇集提供"生成的比喻"（generative metaphor），
或故事情节。基本上，这个观念暗示着我们可以同时拥
有进一步的发展与更清洁的环境。但只把永续发展当作
一个明显的非首发，主要是为了把环境主义从更激进的
行动路线移转，尤其是移转到更严格限制的经济成长中。
在永续发展具有的意义范围内，它主要是作为运载生态
管理主义的（eco-managerialism）的车辆。在其最复杂的
形式下，它已推进了所谓生态现代化（ecological
modernization）的因子。主要的问题是，永续发展依然被
限制在英国小说家约翰·伯格（John Berger）所谓的"进
步的文化"（culture of progress）中。这个文化认为问题一
旦被认识并公开承认，就可以借着科学、技术和管理的制

度来加以处理。在这种路径中消失的是对现代社会本身更深入的文化批判。我们不应该忘记，当代环境运动的兴起有很重要的一部分是对反主流文化的挑战。然而，在最后永续发展促成了一个制度学习（institutional learning）的计划，依其含义，现有的制度把生态层次加以内部化，但没有解决这个文化批判问题。

永续发展的失败引至一个兴起绿色政治的新纪元，暗示着有必要重新检讨寻求界定变迁与再生策略的散漫架构。从一个散漫的视角来看，永续发展快速地阐明了卓越但有问题的持续性，借着观念架构与特定的行动者来使环境论述重新产生。从而，永续发展的问题似乎正处于形塑观点的论述联盟之中。这个论述联盟架构已经成型并提倡一套制度实作，借以产生永续发展的特殊解释、再产生和转型。我们的看法是，在目前并非永续发展的隐喻本身引导环境政治学走错路，而是对其意义产生了错误解释，尤其是它没有迫使现有的制度再思考。相反，这样的制度已建立了新的联系，环绕着对永续发展的一种理解，至少是把现代技术-工业的永久安排当作基本社会-文化关系与自然环境本身。的确，永续发展是一个新视角，它提供给这些经济和社会制度一个新生命租约，让它们仍可继续扮演清晰的角色。在永续发展看法中主导的论述是，主要的制度可以学习，并将能够自己再创新，以便成为更适合环境永续的新发展之共同生产者。不幸的是，这个论述已经减少了环境政治学的潜在弹性。例如，贾米森（Andrew Jamison）曾展

示，全球性运作的非政府组织，如国际自然保护联盟
（IUCN）、世界自然基金会（WWF）或绿色和平
（Greenpeace）采取了坚定的包容性方向，与国际或超国家
的集会和会议中的政策决定者共同思考。就这种现代化论
述普及的程度来说，它已延缓了更聚焦于改造制度的常规
与社会-自然间关系之兴起。贾米森认为，现在可以把特定
的环境非政府组织在制度上的成功解释为环境论述的制约
力量。的确，永续发展的论述联盟已突显社会-政治秩序的
本质。这种努力确实已经推进典型的大科学（big science）
之现代主义特征，与借着所有的制度安排来协调管理伴同
的是政策计划，协调一致的行动，科学的管理、监控、风
险评估。当一个制度性的路径打算应付环境恶化的挑战，
而不顾及制度所隐含的基本文化和政治问题，以及更一般
性的我们想要哪一种社会这种问题，永续发展面对激进的
批评时就变得非常脆弱。①

尼可尔逊（Simon Nicholson）与津那（Sikina Jinnah）
合编的《新地球政治学》于 2009 年出版。他们在导论中指
出，越来越多的人涉及了全球化的技术、消费模式与商业
体系，从而地球的生态基础已被紧压到前所未有的地步。
我们这个物种的集体冲击是巨大的。只需指向气候变迁、
广泛的环境毒化、地球生物多样性被破坏以及一系列其他

---

① Frank Fischer and Marrten A. Hajer（eds.），"Introduction," *Living with
Nature: Environmental Politics as Cultural Discourse*（Oxford: Oxford
University Press, 1999），pp. 1 - 20.

的疾病，就可以体会人类正在把世界拉伸到生态限度之外，造成麦吉本（Bill McKibben）所谓的新地球。《新地球政治学》汇集了重要的环境政治学者来探索新地球上的生态和政治现实。这些篇章涵盖了：从社会和政治驱动的环境伤害到环境教育的情形；从分析环境与地球政治间的联结，到关于未来的环境社会运动；从努力建立更合宜的国际环境制度，到检讨势在必行的、更迫切的描述全球环境的行动。作者们被要求考虑，在快速而大规模的环境衰败中，我们个别的和集体的学术工作最后的意义。这本书立基于相信与生活在新地球有关的挑战是即刻的、紧迫的、前所未有的。所以，也需要人类集体的反馈。处理环境的衰退需要集中学术精力与允诺，立基于更清晰地了解现状和现有的知识，以及尚未得到答案甚至尚未提出的问题。当全球环境条件显示压力不断增加的征兆，而且驱策环境变迁的力量变得更根深蒂固，对于全球环境政治学的学生和教师来说，需要持续追问我们共享的事业之性质。照常营业的心态不再是可行的。新地球是以一套关键性的环境变迁来界定的。这些变迁的核心是人类在地球上的角色有了根本转变。地理学家埃利斯（Erle Ellis）与拉玛古迪（Navin Ramankutty）曾建议，"人类世"（Anthropocene）的衰落最好是以象征着人类与人类以外的世界间的关系之复杂改变来理解。因为只要有人就会有由人类引致的环境伤害。现在，我们这个物种已把活动超出单纯地打扰和破坏生态系统的范围，达到大规模的"以自然生态系统镶嵌到人类系

统之内"。新地球是一个由人类掌舵的大规模且激烈的转型之世界。①

　　康卡 (Ken Conca) 的论文探讨全球环境政治的改变。他指出，新地球环境政治的改变有三种重要的非线性或不连续的形式：世界经济不断调整结构，深刻地使传统的自由派国际环境主义变得复杂；由冷战结束以及 1980—1990 年代开启的政治机会；可以称之为世界"环境中产阶级"（environmental middle class）的持续衰弱。他依次讨论这三种形式后，接着论述未来的挑战。他说，如果这三种观察到的集群在事实上代表着寻求更永续的世界，那么现代运动的许多策略并不可能在这新的情境下产生传统的结果。在国家权威和能力衰退的世界浅滩上，锻造新国际协议的努力非常困难。那些努力建立的超国家规范似乎不停地追求动态的跨国境商品链，它们寻求控制而从未真正赶上。同时，寻求从现有的低通量、高质量的模型中去发现和学习也常常受阻。这种情形暗示，新工具和新策略是必要的。其中，有三点似乎很重要。第一，注入新能源和更大胆地支持追求环境的人权。人民和社会有权要求安全而良好的环境，如果没有得到全球的承认，那么将会一直有全球化的生产-消费系统把有毒的副产品倾倒在另一个国家、地区或社会，而且在那里还可继续掠夺自然资源。承认环境的

---

① Simon Nicholson and Sikina Jinnah, "Living on a New Earth," in Simon Nicholson and Sikina Jinnah (eds.), *New Earth Politics: Essays from the Anthropocene* (Cambridge, Massachusetts: MIT Press, 2009), pp. 1 – 12.

人权虽只是第一步，但是重要的一步，因为它创造了新工具来保持政府和末端的消费者为他们的行为负责。第二，关键的转移涉及承认一个已在进行中的更广的典范转移。在资源部门的范围内，包括食物、水和能源，很明显从相对确定的条件下之最大化转向风险管理的取径，那是要在不确定之未来的多种方案中寻求强大的策略。财政不稳定和气候变迁隐约的不确定性是这一转移的两个关键驱动力。第三，这个权利与风险的取径也暗示，可以采取新方法来概念化和建构全球环境运动。对个人、家户和地方社会来说，权利是本质的工具。在特定地方，尤其是社会关系中，以及真实的人们生活的丰富结构之外，风险是不能被理解的。把这些工具有效地用在新地球上，我们的架构必须从人移到地球，而不是简单地反过来。①

比尔曼（Frank Biermann）讨论人类世的治理。人类世以明显的方式与较早的全新世不同。举例来说，由地球系统中无数可量度的变量得到的结果，诸如海平面上升、海洋酸化、冰川融化以及更不稳定的气候模式，可知现在大气中二氧化碳及其他温室气体的浓度已高于全新世时期。人类世的物种多样性小得多，而且有继续耗尽的趋势。沉积的过程已经改变，而且有许多自然的系统已经被改变，从河川的径流到整个沿海地带。陆地的地景从根本上变形

① Ken Conca, "The Changing Shape of Global Environmental Politics," in Simon Nicholson and Sikina Jinnah (eds.), *New Earth Politics: Essays from the Anthropocene*, pp. 21–42.

了，现在把我们的行星上大约 40％ 的土地直接放在人类控制之下，主要目的是为人类所用。许多新物质已被引进这个行星的系统，从塑料到持久的有机污染物、基因改造的有机物及新的放射性物质。人为的基础设施已经改变了我们的行星之面貌，从道路和铁路轨道到广大的现代聚落之丛林。要之，在过去几百年来，甚至是在过去几千年的一些方式下，当人类开始杀死地上的巨型动物，并且用野火、农业与畜养动物来改变这个行星，没有任何这行星上的系统、没有任何地球上的部分未被基本改变。鉴于我们这个物种在地球上的优势，我们的新地球已在人类世中找到新的科学头衔：地球历史上一个清楚的、新的及前所未有的时代。以地球历史上这种基本的新时代来理解，有助于强调新问题、相互关联及互相依存。这些问题大多数已经超出自 1960—1970 年代以来焦点较为有限的传统环境政策观点。要之，人类世的兴起改变了政治学与政治科学的脉络。

环境政策的传统观点在 1960 年代出现，已经塑造了过去五十年人类的理解与反应。然而，它只聚焦于人类个人与聚落周围的自然环境，以及预防污染与生态系统的恶化。对于人类影响规模的更多新理解，伴同可能的冲击规模和风险程度的更多先进知识，需要有新的取径。在人类世，一个"环境"的观点失去了它的意义而被一个社会生态系统的整体理解所取代，从地方、基于地方的传统转移到一个对地球系统的整合观点，这个系统包括了人类与非人类的因素。传统的"自然保护"（nature conservation）观点在

新地球上变得较不相干，在新地球上并没有未被人类形塑、伤害、管理、修改或控制的自然。在人类世的政治，在我们的新地球上，不能够照常经营，而是要有基本上全新的眼光和典范。环境政策已是1970—1980年代政策与制度的一个适当之术语，但它缺少对我们新地球的五花八门改变及相互联系的描述。一个典型的替代是更恰当地描述政治制度与政策，那需要关心整个地球系统的生命维持功能之稳定性，也就是地球系统的治理，强调摆在面前的具有挑战性的新议程。在更广大的地球管理、更有效的地球系统及新地球的政治挑战中，最紧迫需要的政治分析与政治实作有五个因素：人类世修正制度的建构，人类世中的新规范性，在地球系统科学中的政治研究，从学科训练到跨领域知识的产生，以及从渐进到转型的思考。

比尔曼在结论中指出，重要的是不要心存好恶地来看人类世，要透过实际的、清醒的分析和期望，一方面离开致命的厄运，另一方面离开天真的技术乐观主义和政治上的自大情绪。无疑，由于高度的科学上的不确定性、无数的依然未知的系统互动、复杂的远距互动以及地球系统转型中不断增加的人类聚落和社会经济系统的脆弱性，人类世是我们这个物种最危险的时期。然而，我们也不应该把人类世只用灾难和激变来表征。我们不要低估人类的创造力，透过实际观点，从早期历史标示的无所不在的猎巫、种族灭绝、奴隶制度及全力以赴的战争，我们这个物种已实现文明的进步。而且无论如何，无路可返。新地球就在

这里，而回到全新世不是一个选项。我们这个世代要自觉地从事政治和伦理的论述，从地方政治到行星规模制度和治理，透过导向有效的、公平的及合法的地球治理系统，来最佳地导航人类世。①

古普塔（Joyeeta Gupta）的论文探讨分享我们的生态空间。她探讨的问题包括：有限的非生物资源，有限的储槽和维持生态服务的必要，固定资源和无限需求之冲突，为何要分享生态空间，生态空间及其地缘政治的意涵，传统地缘政治学在处理生态空间时的限制，在改变中的地缘政治世界中持续的北方-南方及富裕-贫穷的挑战，包括一切的发展必须对抗主导的新自由主义资本主义，需要以全球的法律规则与宪政来驯服地缘政治学。在结论中，古普塔说，新地球的核心挑战，就是界定并在国家之间分享生态空间，这对传统地缘政治学提出了一个挑战。在人类世，人类在地球的安康下求生存，要求我们有足够的智慧来尊重地球的短中期限度，以便能够继续享受其生态系统的服务。这个观念已被转译成现代版的生态空间概念。这是我们可以用的空间，并且在国家和人们之间分享，把过去的关系与未来的趋势都考虑进来。这是对现有地缘政治学提出"分享我们的地球"的挑战。虽然我们生活在一个地缘政治改变中的世界，北方-南方的问题将会持续下去，即使

① Frank Biermann, "Politics for a New Earth: Governing in the 'Anthropocene'," in Simon Nicholson and Sikina Jinnah（eds.）, *New Earth Politics: Essays from the Anthropocene*, pp. 405 – 420.

以不同的方式和不同的理由。从而，虽然有些国家可以跳出这两个类别，还是会有很多的边缘贫穷国家。新兴的经济可能面临它们自己国家的发展挑战，因为它们将需要为未来几十年新增的 2 亿人口寻找空间以容身、养育并就业，也要面对近在眼前的气候变迁，使它们不一定很肯定地可以扮演显眼的地缘政治角色。在人类世中改变的地缘政治，重要的是也要证明发展中的全球宪政与法律规则的重要性。虽然这对于霸权者并无吸引力，但在一个多极化的世界，这样的取径可能有助于保证没有霸权者可以超乎法律之上。事实上，在新地球上，霸权者可能没有选择而必须重新考虑他们的选择。①

夏竹丽（Judith Shapiro）的论文检讨世界舞台上的中国。她指出，事实上，中国对地球的冲击非常大，应该在任何对未来全球环境的考虑中占重要的地位。她分别论述了中国与气候变迁，传统中国的做法，生物多样性和动物福利，关于中国经济影响力将超出中国疆界的预测，以及资源安全方面的地缘政治学。在结论中，她说，中国的环境挑战已形塑了环境周围及其外的世界政治。中国的石化燃料排放与抑制排放的努力已经影响全世界。与烹饪和传统中国医药有关的传统文化习俗已影响了全球的物种，包括有魅力的巨型动物和少为人知的植物和鱼类。中国为了

① Joyeeta Gupta, "Toward Sharing Our Ecospace," in Simon Nicholson and Sikina Jinnah（eds.）, *New Earth Politics: Essays from the Anthropocene*, pp. 271 - 291.

它的生产线而去寻找基本的原料，透过新的资金和在发展
中国家中的外国协助机制，直接与发达国家在公开市场上
竞争。中国的兴起是这么快速而有冲劲，以至环境问题承
担了地缘政治的重要性。中国的决策者了解保护资源是合
法的中央策略。中国借着历史上的不公平及其当前延伸到
其边境之外的巨大的"影子生态学"（shadow ecology），在
经济和地景上达到全球性的效应。没有其他国家曾有过在
如此短期内的戏剧化改变。最不起眼的商品已改变了命运，
中国的照明灯闪亮，伴同着全球性的商标和抽取资源计划，
中国的全球生态足迹成为一个移动的目标。不可思议的事
已成为可能，可能已变成合适，合适已存在于过去。全球
环境政治的学者要注意才能做得好。中国声称要依全球法
则来行事，但也声称要对其加以改写，以中国共识（China
Consensus）取代华盛顿共识（Washington Consensus），以
一个发展中的世界银行取代布雷顿森林体系（Bretton
Woods System），挑战美元的霸主地位。尽管中国的环境主
义者是世界上最勇敢和最有创造力的一群，但中国在全球
范围内的绝对重要性限制了他们的影响力。必要的是，世
界社群在寻求全球环境治理时要把中国包括在内，诸如世
界最大的新兴经济体可以成为正义和永续性规范的保
卫者。①

---

① Judith Shapiro, "China on the World Stage," in Simon Nicholson and Sikina
Jinnah (eds.), *New Earth Politics: Essays from the Anthropocene*, pp. 293 -
311.

史景迁（Jonathan Schwartz）在 2003 年发表的论文，以中国为例探讨国家能力对于执行环境政策的冲击。他先以太湖的个案为例指出，有关太湖的环境政策之执行显示，中国政府投入大量的资金和努力于克服环境问题。然而，尽管有这些努力，太湖治理最多也只是表面的成功。此文探讨以下几个方面。（1）以国家能力作为一个有用的冲量指标，重点放在解释国家的能力。（2）以中国作为个案研究，主要优点在于中国的各省份都必须执行中央政府制定的各种环境法律和规章；另外，中国对全球环境的冲击在不断增加。（3）评估中国环境政策的意义。一般而言，中国的非政府组织与政府官员都认为，中国的环境规章和法律对发展中国家来说是很有意义的。（4）国家能力的成分包括三项：人力资本、财政实力、达到/反应。（5）评估省份的能力与承诺。基于国家能力的方式，认定四个高能力省份（包括辽宁、黑龙江、江苏、广东）和六个低能力省份（包括山东、河南、湖北、湖南、广西、云南）。（6）以江苏为例，比较南京、苏州、镇江、南通四个大城市环保局的表现。（7）评估在环境政策执行中，承诺和公共参与的角色。透过访谈发现，承诺是影响环境政策执行的一个重要因素。但只有承诺并不足以保证执行，还需要有能力。（8）结论指出，中国政府在执行环境政策时扮演重要的角色；另外，政府能力模型提供了一个有效的工具来预测政府努力的潜力和有效性，但只有政府能力并不足以完全解

释执行的结果，还需要有公共参与。①

　　在中国大陆，世界自然基金会全球气候变化应对计划主任杨富强在 2010 年曾指出，中国"十二五"节能减碳应坚持高目标。他说，可靠的统计数据是制定节能减碳目标的基础。长时期以来，经济、能源以及其他重要数据的可靠性常遭诟病和批评。1997 年至 2000 年的能源经济数据曾出现过经济增长但能耗减少的统计错误。当时有许多专家学者为此冥思苦想，寻找答疑解困之道却不得要领，但往往斥责对数据可靠性的质疑。统计数据的质量问题对政策研究的有效性和可行度会产生重要的影响。自 1990 年以来中国能源数据每五年或每十年会根据经济普查进行一次修正。从 1980 年到目前的经济、能源数据经过修正后是可靠的，特别是 2000 年以来的数据，适应了能源政策研究和制定的迫切需要。我们希望在 2020 年之前，通过努力，建立完整可靠的数据统计系统，为制定国内外能源和应对气候变化政策提供有力的支持。

　　相关的统计显示：在 1980—1990 年间，能源强度下降35％；在 1990—2000 年间下降更快，达到 50％。中国政府在 1981 年提出能源增长翻一番、保经济增长翻两番的发展战略。实际数字是能源强度下降了 68％，也就是说，能源没有增加 100％，只增加了 70％左右，保证经济增长翻了

① Jonathan Schwartz, "The Impact of State Capacity on Enforcement of Environmental Policies: The Case of China," *Journal of Environment and Development*, Vol. 12, No. 1 (March 2003), pp. 50 – 81.

两番。中国政府在 2001 年又提出 2000 年到 2020 年经济增长翻两番，能耗只翻一番。但是，在 2001—2005 年的"十五"期间没有做到。在 2005 年到 2020 年这十五年中，如果每个五年规划的节能目标都坚决贯彻 20％的话，2020 年能源强度可以下降 49％。也就是说即使"十五"节能率负增长，2000 年到 2020 年仍然能够达到能耗翻一番、保经济增长翻两番的目标，这将创造世界节能史上的一个奇迹。中国"十二五"节能减碳应坚持较高的战略目标。此外，中央与地方在制定节能减碳的约束目标中能否双赢是关键所在。2000—2010 年的经济高速增长，使中国的实力全面得到提升。在地区目标的分解上，节能减碳目标应遵循东部高、中部次之、西部适中的办法。西部地区经济落后，需要有较高的经济增长是合理的要求。但必须是满足高目标约束条件下的经济增长。在"十一五"中缺失的部门的指标分解应在"十二五"中得以实现。在长效机制的建立上，通过公众的参与和推动，逐步将中央的强制性要求转变成地方政府自身的要求。约束性的地方指标不能低于中央的指导性指标。[①]

在台湾，林俊升与黄文琪曾在 1997—1998 年间做了高雄和屏东地区空气污染的实证研究。他们指出，空气污染具有不可耗竭的外部性（undepletable externality），一般而言，空气质量的边际防治成本常因空气质量的改善而逐渐

---

① 杨富强，《中国"十二五"节能减碳应坚持高目标》，JSXX（02/2010），页 22—25。

增加；而空气质量的边际防治效益则会随空气质量的改善而逐渐降低。为使政府推行的环保政策符合经济效益原则，有效使用有限资源，空气质量改善带来的效益之经济评估，配合防治所增加的成本，为决定空气质量改善程度的重要依据。因环境因素具有公共财产特性而不具市场价格，在缺乏市场价格数据的情况下，欲得到环境改变效益的讯息，必须借助对受访者的直接调查，以得知消费者面对环境改变时，他（她）的支付意愿（Willingness to Pay, WTP）或受偿意愿（Willingness to Accept, WTA），来评估环境财产在消费者心目中的价值，此方法即所谓"非市场估价法"。非市场估价法大致可分为两大类：一为间接方法，例如旅游成本法、特征财产价值法等；二为直接方法，或称条件估价法（Contingent Valuation Method, CVM）。而后者为目前环境资源研究者经常采用，优点大致有三：（1）CVM可以同时估算用户价值及非用户价值；（2）CVM可以同时进行现场调查（on-site）和非现场调查（off-site），使调查方式更具弹性；（3）CVM在时间及经费有限的情况下，可以收集到较精确的数据与样本。本次问卷调查，预定样本的问卷800份，按三县市乡镇人口比例抽样，高雄市实回样本324份，高雄县实回样本254份，屏东县实回样本184份。

实证分析的结果从五方面加以说明，其要点如下：

（一）空气质量从"普通"改善至"良好"：高雄市的"年龄"与"对政府征收空污费的看法"为影响支付意愿的

重要因素，两变量在5％显著水平下通过检定；"所得"因素对高雄市的受访者亦是一个影响支付意愿的因素，在10％显著水平下通过检定；"教育水平"变量亦在10％显著水平下通过检定。高雄县影响支付意愿的因素中，仅有"就业状况"与"对政府征收空污费的看法"两变量在5％显著水平下通过检定，说明此两项为影响支付意愿的重要因素，且其系数皆为负数。高雄县有就业的受访者愈认为政府按污染源征收空污费不合理，其支付意愿会愈低；"所得"因素对高雄县受访者支付意愿改善空气污染的影响并不显著。主要影响屏东县受访者支付意愿改善空气污染的重要因素为"所得"变量，在1％显著水平下通过检定；"年龄"变量在10％显著水平下通过检定。

（二）空气质量从"不良"改善至"普通"：高雄市的"所得"与"对政府征收空污费的看法"两个变量在1％显著水平下通过检定，"待在室外时间"变量在5％显著水平下通过检定，"年龄"变量在10％显著水平下通过检定；高雄县的"就业状况"变量在1％显著水平下通过检定，"所得"与"对政府征收空污费的看法"两个变量在10％显著水平下通过检定；屏东县的"所得"变量在5％显著水平下通过检定，"年龄"变量在10％显著水平下通过检定，"就业状况"变量在10％显著水平下通过检定。

（三）空气质量从"普通"全部改善至"良好"程度之经济效益及民众对其之愿付价格：1996年空气质量普通程度之天数分别为高雄市245天，高雄县255天，屏东县185

天；通过所有受访者估算出，高屏地区每年愿付价格约
556.90 元，高雄市每年愿付价格约为 669.78 元，高雄县每
年愿付价格约为 562.77 元，屏东县每年愿付价格约为
548.00 元。

（四）空气质量从"不良"全部改善至"普通"程度之
经济效益及民众对其之愿付价格：1996 年空气质量"不良"
天数较少，分别为高雄市 33 天，高雄县 82 天，屏东县 90
天；高屏地区（包括抗议样本）民众平均每年愿付价格为
501.22 元，高雄市每年愿付价格约为 634.00 元，高雄县每
年愿付价格约为 454.36 元，屏东县每年愿付价格约为
442.38 元。显示三县市间每年平均愿付价格仍以高雄市为
最高。

（五）空气质量从"普通"至"良好"程度或"不良"
至"普通"程度改善一天之平均愿付价格：由于县市间空
气质量为"不良"或"普通"天数皆不相同，为客观比较，
将各愿付价格除以相对应之天数，以求得不同地区民众对
空气质量从"普通"至"良好"程度或从"不良"至"普
通"程度改善一天之平均愿付价格。结果显示高雄市受访
者（包括抗议样本）对空气质量从"普通"至"良好"程
度改善一天之平均愿付价格为 2.73 元，高雄县为 2.67 元，
屏东县为 2.62 元，三县市改善一天之平均愿付价格虽以高
雄市为最高，但其值在县市间差异并不大。如果剔除抗议
样本后，高雄市受访者改善一天之平均愿付价格为 3.35
元，高雄县为 3.06 元，屏东县为 2.91 元，三县市改善一

天之愿付价格之值有明显增大，且县市之间数值的差距亦稍为变大。[1]

综上所述，环境政治和政策方面的理论研究提供了了解环境与政治的基本原则和途径。此外，上文所举的实证研究虽为数不多，然而提供了实例来呈现在中国大陆和台湾地区执行环境政策的情形，可供有兴趣从事环境与政治的学者参考。

---

[1] 林俊升、黄文琪，《空气质量改善之经济效益评估——高屏地区实例之研究》，4 页。见 https://srda. sinica. edu. tw/search/scidown/1086，查询日期：2017/08/02。

第六章　环境与文化

英国的"人类学之父"泰勒（E. B. Taylor, 1832—1917）1871年出版《原始文化》一书，把文化定义为："一个复杂的总体，包括知识、信仰、艺术、道德、法律、风俗以及人类在社会里所有一切的能力与习惯。"① 这个定义告诉我们，人类的文化与环境互动是包罗万象的。

在1974年，舒马赫（Fritz Schumacher, 1911—1977）的论文讨论佛教徒经济学。他指出，唯物主义者的主要兴趣是物品，而佛教徒主要的兴趣是解放。但是佛教是一个"中道"，所以并不反对物质的福利。佛教徒经济学的基调是简单与非暴力。从一个经济学家的观点来看，佛教徒的生活方式令人惊奇的是其模式全然理性——以令人惊讶的小方法导致非凡的满足结果。简单和非暴力自然是相关的。消费的最佳模式，是以相对较低的消费比例满足人们高度的需求，这让人们可以在没有较大压力的状态下就实现佛教的基本教义：停止为恶，尝试为善。由于物质资源是有

---

① 见 http://wiki.mbalib.com/zh-tw/文化，查询日期：2017/07/19。

限的，人们满足自己的需要，适度使用资源相较于高度使用资源，显然较少会发生互相攻击。同样，生活在高度自足的小区的人比生活在依赖世界贸易体系之下的人，较不可能卷入大规模的暴力。因此，从佛教徒经济学来看，以地方资源生产地方所需是最为理性的经济生活方式，而依赖从远方的进口是高度不经济的，只有在例外的和小规模的情况下才合理。现代经济学并未分别可再生与不可再生的物质，因为经济学的方法是用货币价值来量化每一样东西。从佛教的观点来看，当然这是不可行的；不可再生的燃料如煤和石油与可再生的燃料如木材和水力，两者的基本差异不可以被简单地忽视。只有在必要的情况下，不可再生的物品方可使用，而且要以最大的注意和最细致的关注对其进行保护。漫不经心或浪费地使用不可再生资源是一种暴力行为，而在这个地球上，尽管完全非暴力的方式难以做到，人类还是有责任把目标放在非暴力的行动上。①

　　菲舍尔（Frank Fischer）与哈耶（Marrten A. Hajer）在1999年讨论与自然共生的书中指出，环境政策的论述因为被删去环境政治学之文化层面而受到困扰。就环境论述兴起于作为现代社会的文化批判来说，这不只是一个小讽刺。因为文化是一个困难的术语，因此，重要的是要明白我们指的是什么。雷蒙·威廉斯（Raymond Williams）在

---

① Fritz Schumacher, "Buddhist economics," in Derek Wall, *Green History, a Reader in Environmental Literature, Philosophy and Politics* (London and New York: Routledge, 1994), pp. 194 - 195; originally in *Small is Beautiful* (London: Abacus, 1974), pp. 47 - 50.

《长期革命》（*Long Revolution*，1961）中，区别了文化的三个定义：文化的美学定义是艺术（art），拉丁文 cultura 的定义是心灵和精神的修养，文化的人类学观念是生活方式（way of life）。我们谈文化是把它当作支撑着各种制度实践所隐含的系统之意义与架构。我们把文化重新引入，更进一步地赏识社会与自然环境关联的特性，去探索社会秩序在环境政治中隐含的不同方式，以及环境政策的特殊方法。我们的目标在于透过探索与自然相关的各种做法来再造，并把现阶段的文化理论基础加以政治化。在过去十年变得很清楚的一件事是，虽然永续发展已建立对环境政治学联合的全球论述，但我们并不能假定这将产生更好的结果。在所有的共识背后是不同的参考框架，会激起不同的文化对永续发展隐含的意义提出挑战。现在，这种文化框架的差异在环境政治中引起不同的争议。同样，我们也可能需要给予更多注意的是根植在政策决策中的文化以及管理经济活动的方法。为了掌握文化，菲舍尔与哈耶分辨了文化批判（cultural critique）与文化政治（cultural politics）。文化批判涉及在环境论述中不同的表达方式，把现存的各种安排问题化，并提出在自然中其他生活方式的选择。在过去十年中，回归到更广泛的文化意涵之环境论述已经变得愈为清楚。社会科学在过去十年中已开始认识到环境论述如何能够使自己成为一个文化力量。的确，它可以被分析为文化政治的一种形式。文化政治是有关不同的秩序体系如何保持或加诸其他人，在环境论述中如何认定特点，社

会关系如何被再定义，或特定的做事方法如何再被产生或加以改变的学说。把环境论述当作文化政治来加以检讨，可以重建一些方法让这些文化力量及其更广泛的社会意涵效果得以发生。这种把环境论述作为文化政治理念加以分析的观点，有一部分是基于过去十年在环境决策中的实证发现。永续发展可以当作带着强烈文化-政治基础的政策论述。当然，永续发展的观念正式承认在全球范围内的文化多样性与复杂性。然而，是以一种迷失要点的方式——文化很快被归类为对民俗多样性的关心。在此缺席的是永续发展更紧迫的文化政治，亦即，需要处理成长与消费、窄化环境危机为科学问题。其结果是要依赖一些技术，诸如风险评估及其技术和管理的解决方法。换言之，解释文化并不限于理解其他文化，例如原住民文化，而是也要反思永续发展的计划：文化要承担其自身的概念化与政策技术。菲舍尔与哈耶之分析暗示着需要形成一种新的文化批判。环境主义有不同的形式，环境主义不能只被当作工业化北方国家中产阶级的后物质价值。现在也有因生态资源分配不均而在穷人中出现的新环境主义。正如中产阶级的奢侈消费，对于穷人来说，这种资源冲突是他们对基本维生手段的关注，或源自不均衡的风险分配。①

　　巴鲁（C. J. Barrow）在 2003 年探讨环境变迁与人类发

---

① Frank Fischer and Marrten A. Hajer (eds.), *Living with Nature: Environmental Politics as Cultural Discourse* (Oxford: Oxford University Press, 1999), "Introduction," pp. 1 – 20.

展的书中指出，环境与人类的互动关系是双向而复杂的：常常有正向和负向回馈，以及在物理的、生物的、行为的、文化的因素之间常有直接和间接的互动。自然与文化常常纠缠在一起而难以分开。人类同时透过生物的演化与学习到的行为来适应变化，而采取的途径常常是不规律而难以预料的。大多数人属于一个可以改变的社会与文化，而其变易可能影响环境因素的脆弱性和抓住机会的能力。在环境经常能够提出挑战的情况下，人类的适应就必须依赖其现有的社会与文化特质。文化有助于决定行为，并常常作用于维持一个社会及其环境间的均衡。文化不是分离人类与环境的障碍，而是一个联结。文化变迁可能是渐进的，而有时是突然且显著的，它可能由个体的外部或内部所引发。改变文化的因素包括：创新、入侵、政治改变、时尚的转移、改变的幅度（及许多其他的"人类"因素），以及"环境"因素，如自然灾害或较渐进的物质变化。①

安德森（Hans Thor Andersen）与阿金森（Rob Atkinson）2013 年的书以欧洲为例探讨都市知识（urban knowledge）的产生和使用。他们在导论中指出，近年来在欧洲各国，因经济和政治理由，都市的幸福指数及其居民的生活质量已受到更多的重视。这种情形并不只是因为现在大多数人口住在都市，以及国家的主要经济活动在都市。此外，大多数的文化生产与消费也是在都市。再者，都市

---

① C. J. Barrow, *Environmental Change and Human Development: Controlling Nature?* (London: Arnold, 2003), p. 13.

及其周围地区的表现，现在成为国家政府的重要关注；都市的治理已经重要到不能只交给顾问。持续的压力要求改善地方的表现，已导致各地方如何从被动牺牲变为主动改善经济竞争力和社会凝聚力愈来愈受到关注。尽管有这些更正面的态度，都市依然是有问题的地方：在财富集中、风景优美和生活条件高度吸引人之都市中，可以发现一些最差的生活条件、污染最多的地区及程度最高的社会问题。相对于解决在都市中发现的一些著名问题，近几十年来科学与经济发展留给人们更深刻的印象。尽管财富和福利有实质性增加，社会问题、环境问题及经济不平等并未有明显减少。这需要我们持续地反映我们对都市及其情况的了解，以及我们处理的意愿。首先，很清楚的是，需要对都市及其功能、问题与当前情况有更多的知识。其次，都市知识要向前看而不只是回头看，这需要基于科学与经验的知识建构来发展更有前瞻性的途径。再次，由于没有单一的学术领域涵盖都市关系的所有光谱，因此经常需要结合不同的学科。在此脉络下，中心的课题是知识概念本身。在日常生活中知识有各种形式，常以"常识"（common sense）出现，这是基于经验的推论。另一方面，有系统的知识使我们可以讨论和交换观点。长期以来，一些基本法则已经发展出来，成为科学哲学的基础。都市知识可以被当作一种企图，指向结合不同观点、不同的方法和学科。都市知识不能被孤立在其生产的条件外，而且观念必须与特殊的情境相关才有意义。在此，都市知识是行动导向的、

多学科的以及在脉络下定义的。它带给都市及其市民实际的改善。①

夏竹丽（Judith Shapiro）在 2006 年发表论文讨论中国如何推进环境主义。她指出，中国的领导人在近几十年已经历了环境问题重要性的觉醒，甚至是在毛泽东逝世前，在 1972 年中国就参与了联合国斯德哥尔摩人类环境会议。他们对环境问题的注意因 1992 年在里约举行的联合国环境与发展会议而强化，其时中国签下几项重要的国际合约并采用《21 世纪议程》作为环境问题的行动蓝图。在这些和其他国际会议中，中国的官员接触了关于增长中的环境问题之世界科学知识与关注，而且他们主动地参与草拟会议所产生的协议和条约。同时，他们开始联络愿意来中国活动的国际环境组织与捐赠机构。同时，他们也从错误中学习，大水灾、严重的污染、令人目盲的沙尘暴以及其他环境问题，迫使中国重新评估其发展路径。国家的骄傲、全球责任的意识、疏导环境问题的愿望以及达到其他国家的政策目标，都加强中国政府对环境保护的承诺。在 1980—1990 年代，中国制定了大量的环境法规，在 1998 年，中央政府提升国家环境保护局为国家环境保护部。然而，后毛泽东时代分权到省级并强调地方层级的经济成长，对那些

① Hans Thor Andersen and Rob Atkinson, "Existing and Future Urban Knowledge: Studies in the Production and Use of Knowledge in Urban Contexts," in Hans Thor Andersen and Rob Atkinson (eds.), *Production and Use of Urban Knowledge: European Experiences* (New York and London: Springer, 2013), pp. 1 - 16.

掌管国家环境政策的人形成巨大的挑战。国家环境保护部监视执行的能力受限于工作人员数量很少（只有 270 名，相较于美国国家环境保护局在华盛顿总部的 6000 名）。

中国与全球经济的整合已使国家第一次感到食品供应的安全性。这让政策决策者重新思考他们为农业发展而强调的大量土地开发，而科学与技术的进步已允许农人用更少的土地产出相同的产品。此外，1998 年和 1999 年的破坏性水灾引发许多关于中国的科学分析，针对伐木、侵蚀、缺乏合理堤防与湿地填充对增加水灾隐患的作用，引导政府对森林和湿地所提供的环境服务有新的认识。同时，中国对世界开放已带来智力发酵和触及环境的书写。从那时以来，中国已出版了有关环境的经典著作之中译本，包括《寂静的春天》《我们的共同未来》《沙郡年鉴》《只有一个地球》，以及关于环境挑战、环境问题的全球互动、发展范式的再思考的其他许多作品。当代环境主义的另一个来源是中国的哲学传统，重视永续和尊重自然。这些理念和愿望，尤其是受过教育的年轻人进入世界社会，加上对中国的严重污染、森林砍伐、生物多样性消失以及其他环境伤害的厌恶与悲伤，已经激起一个小而重要的环境运动。中国的大学正在把环境研究引进一般的课程，而基本的环境教育甚至被引进小学。政府可用来沟通与环境保护相关之主要机制是中国官方的集中宣传。媒体报道国外和国内的自然节目已成为全中国每天的事。关于环境问题与成功的新闻故事是很普通的，而有关环境意外事件的报道也比过

去更频繁。最后，公众对环境伤害的抗议也正在兴起。要之，中国的中央政府现在了解环境的永续必须与国家的经济发展相结合。中国领导人的实用主义甚至已经引导他们考虑中国行为的经济成本，并开始执行"绿色GDP"，那会提供国家一个发展的真实成本的更佳的图像。[①]

关于妇女的角色，布勒东（Mary Joy Breton）在1998年出版的书以12章的篇幅讲述44位女性环保先驱，涵盖不同的地方与自然环境，反映了文化环境史的多样性。

第一章讲抱树和植树的故事，包括六例。第一例先回顾三百年前印度西部喜马拉雅山脚下发生的抱树运动（Chipko，印度文，意思是拥抱）。拉贾斯坦邦（Rajasthan）大君为了建筑新宫殿而砍树。当地妇女岱薇（Amrita Devi）抱树反对，斧手不顾岱薇的呼吁，把树砍下。岱薇倒地之后，她的三个女儿也抱树，也都被砍下身亡。那天结束时，共有350人因抱树被砍死。大君知道后，终于决定放弃新建宫殿。1960年代，当小规模的森林工业在山区兴起，喜马拉雅村落的妇女为保护森林作为地方生活支撑系统，努力拯救剩余的森林。她们唯一的武器是无畏和不贪。碧玛拉·贝恩（Bimala Behn）与萨拉拉·贝恩（Sarala Behn）发起了20世纪的抱树运动，而米拉·贝恩（Mira Behn）提供哲学和生态理论基础。米拉·贝恩在1940年代末从英国移

---

① Judith Shapiro, "China: A Forward," in Joanne Bauer (ed.), *Forging Environmentalism: Justice, Livelihood, and Contested Environments* (New York and London: M. E. Sharpe, 2006), pp. 25 – 29.

居喜马拉雅加瓦尔（Garhwal）地区，研究喜马拉雅的森林生态，以及伐林与水循环危机。她认为，除非恒河集水区的阔叶林再复育，否则旱灾和水灾都会愈来愈糟。萨拉拉·贝恩为加瓦尔山区的妇女建立了教育中心，鼓励她们不要把自己视为负重的牲畜，而是强而有力的"富裕女神"。此外，在曼达勒（Mandal）、阿拉卡南达河（Alakanada River）河谷、北方邦（Uttar Pradesh）等地都展开了抱树运动，1970—1980年代抱树运动的胜利导致在多数地区禁止商业性伐林。

第二例发生在非洲肯尼亚。马塔伊（Wangari Maathai，1940— ）是东非和中非获得博士学位的第一人，第一位成为内罗毕（Nairobi）大学副教授的女性，以及第一位在大学担任系主任的女性。1982年马塔伊决定放弃教职进行绿带森林运动。在肯尼亚的集权体制下，马塔伊胆敢让自己成为统治者眼中的诋毁者，她被标示为"颠覆"，被排斥、打到失去知觉并抛进监牢。二十年来，马塔伊和一群妇女（1995年估计超过6000人）已经努力为土地重新造林并复原、种植了1700多万棵树。1987年，绿带森林运动获得联合国环境署的全球五百强奖章。透过马塔伊与各地非政府组织的合作，绿带森林运动已经传播到三十余国，赢得世界上最成功的环境复育配合小区经济发展计划之美誉。马塔伊已获得许多国际奖项。

第三例是加拿大森林的改革者麦克罗里（Colleen McCrory，1953— ）。在北美沿太平洋西北岸，从阿拉斯

加到加利福尼亚，有一片温带雨林，这里产出的植被比热带雨林更多。英属哥伦比亚是加拿大生物多样性最丰富的地区，庇护着全国70％的鸟类和74％的哺乳类；其中的老树是地球上最后剩下的原始森林。但在20世纪，英属哥伦比亚以伐木业为主要工业，已经砍掉60％的树木。麦克罗里在1975年组织了瓦拉哈拉（Valhalla）荒野社团，来告诉大众关于瓦拉哈拉山脉的价值，并游说保护它。基于她的不断努力，1983年，政府建立瓦拉哈拉省立公园，保护山脉面向斯洛坎湖（Slocan Lake）的四分之三。在二十余年的生态战士生涯中，麦克罗里与"雨林行动网"（Rainforest Action Network）合作，说服23个国际环境团体在1996年9月于伦敦举行的雨林高峰会议上，签订一份宣言，将组织全世界抵制斯洛坎森林产品。1991年，在接受戈德曼环境奖（Goldman Environmental Prize）时，麦克罗里说，她将为斯洛坎河流域的伐林奋战，就算这导致她被捕。

第四例是红木战士巴莉（Judi Bari, 1949—1997）。巴莉是"地球第一！"（Earth First!）的活动者。"地球第一！"致力于抢救美国加州北部生态系统中尚存的古代红木森林，尤其是其中包含的地球上最后的未受保护的古代红木，这些树木是太平洋西北温带雨林的一部分，也是160种野生物种的家园。加州老红木有97％以上已被砍伐。原有的两百万棵只剩下大约六万棵。"地球第一！"采取了第一线的直接行动，战术从集会、示威到封锁、树坐，以及把他们的身体（像印度的抱树运动抗议者那样）放在推土机的路

上。1990 年 5 月，巴莉的车被炸。7 月，联邦调查局与奥克兰的警察两次突击巴莉的家，但没有掌握证据，于是他们放弃反对她。尽管有这些威胁和暴力，"地球第一！"的行动者并未退缩。巴莉在 1997 年 3 月 2 日逝世。她死后一个星期，超过千人出席她的追思会。

第五例是投资于地球未来的布利特（Harriet Bullitt，1924— ）。布利特把她的时间分配给华盛顿州大峡谷南缘（Icicle Canyon）和一艘五十年的木拖船，她的环境行动有自己特殊的风格。她的家庭基金会每年捐出大约 400 万美元，其中大多数给保护森林的团体，还有从她个人的信托中捐出的。布利特相信如果男人和女人都了解并欣赏自然世界，他们会更小心地对待它。布利特于 1966 年开始出版一份自然史期刊，称为《太平洋研究通讯》（*Pacific Search Newsletter*），寄给几千订户；后来发展成一份广受欢迎的期刊《太平洋西北地区杂志》（*Pacific Northwest Magazine*），达到每月 75 000 个订户。布利特在 1988 年出售她的出版公司。她最新的企业是经营环境友善的僻静所。除了提供个人度假场所，也作为小型公司和民间、教育、环境非营利团体的会议中心。在 1991 年的一次会议中，她说服已争吵多年的 15 位鲑鱼鼓吹者，从对话演进到一个多元联盟，致力于恢复栖地、提出法律诉求、教育公众，以及提倡鲑鱼的生存是为了渔业和恢复产卵地。

第六例是富勒（Kathryn Fuller，1949— ）。1973 年，富勒接受两位生态学者的邀请，陪伴她们到坦桑尼亚

(Tanzania) 两个月，在恩戈罗恩戈罗火山口 (Ngorongoro Crater) 观察角马的数目并研究它们的行为。这第一次接触野生动物的经历成为富勒一生的关键时刻。1989 年，富勒被提名担任世界野生动植物基金会 (World Wildlife Fund, WWF) 主席兼执行长，是第一位担任此职位的女性。在富勒的领导下，WWF 把最高优先级放在拯救地球剩余的森林上。1996 年 9 月，在八十余国收集二十年的资料后，WWF 公布了世界森林地图，显示地球上尚存的森林几乎都未受到保护。富勒相信，在工业和发展中国家中都进行自然环境的保护，对维持和平与政治稳定是很重要的。富勒把国际环境教育计划列为最优先。她启动的环境教育计划是荒野之窗，以生物多样性为主题。在富勒、WWF 以及其他教育和环境组织与政府的合作下，荒野之窗已发展出一套教育工具，并整合在中学课程内。

第二章讲述环境科学的第一夫人丝瓦罗 (Ellen Swallow, 1842—1911) 的故事。1870 年末丝瓦罗写了一封信给麻省理工学院 (MIT) 的校长伦可 (J. D. Runkle)，寻求入学的许可。该年 12 月，丝瓦罗收到回信，校长建议她以"特殊学生"的身份免费入学。丝瓦罗的优异成绩和她在实验室中的分析能力得到教授们的注意。尼古拉斯 (William Ripley Nicholas) 教授让她负责执行一项新成立的麻州卫生局的计划，在两年内完成联邦的下水道和水资源供应系统之规划。由于她在这项先驱研究中的表现，丝瓦罗成为国际承认的水资源科学家。并在 1873 年成为第一位

从麻省理工学院获得学位的女性，同年，她也以稀有金属钒的开创性为论文主题，从瓦萨学院（Vassar College）获得硕士学位。1887 年她掌管麻州卫生局的另一项计划，收集联邦各地的水样本总共 40 000 个，立刻分析并记录结果。水分析成为丝瓦罗的研究焦点长达十年。她为麻州卫生局所做的水资源调查完成了世界上第一个水纯度表，建立第一个国家水质标准，也引导世界第一个现代下水道系统的开发，并协助启动美国的公共卫生运动。在她的生态学观念中，很多科学分支是重叠的，而人类因素也不可忽视。丝瓦罗唯一的博士学位出现在 1910 年，在她逝世后几个月，史密斯学院（Smith College）颁给她科学荣誉博士学位。1924 年，她任教达四分之一世纪的麻省理工学院，在化学大楼嵌上铜匾以标志她的贡献。丝瓦罗在 68 岁逝世时身无分文，不是因为她失败，而是她把钱都捐了出去。

第三章论述早期的市政助理。自 19 世纪末至 20 世纪初，美国快速的都市化和工业化导致严重的环境污染。为了家人的健康和安全，妇女团体在小区进行卫生改革运动。这种理念起源于 1890 年代中期的费城妇女公民俱乐部（Women's Civic Club of Philadelphia），她们用自己的钱在市内选定地点设置垃圾桶。后来俱乐部捐垃圾桶给市议会。市区清洁的改善激励市议会购买更多的容器放在更多的地点。

这一章讲述两位女性的故事。第一位是密歇根州卡拉马祖（Kalamazoo）的巴特利特（Caroline Bartlett, 1858—

1935）。作为当地教会妇女学习小组的领导人，巴特利特要为肉类检查找一位讲解员，但她邀请的官员都拒绝，于是她决定自己讲。在准备时，她和几位同事看到屠宰场的实况：建筑物因没有整修而倒塌，地面盖满厚厚的一层煤尘、油脂、霉菌、毛发、结块的血，而且有病的和健康的动物同时被屠宰。当这些情况在市议会和报纸上被揭露后，小区受到震撼而采取行动。巴特利特把这个案子提交到密歇根州卫生局，接着她考察其他州的肉类检查法律，起草了一份法案提交给密歇根政府当局去制定肉类检查规则，在法案被介绍后，她游说州议员的支持。1903年法案通过。她继续在卡拉马祖建立妇女公民改善联盟。在巴特利特的领导下，这个团体研究有效的街道清洁方法，并把新而有效且更便宜的系统在卡拉马祖进行三个月的示范。巴特利特的肉类检查运动及街道清洁示范引起全国注意。她在60多个城市（包括芝加哥）进行卫生调查。市政改善联盟有意把巴特利特的建议至少传播到已经做过调查的20个城市。

第二位是芝加哥的"垃圾女士"麦道卫（Mary Eliza McDowell, 1854—1936）。麦道卫致力于改善芝加哥帕廷顿区的卫生条件。她协助成立全国妇女工会联盟并担任芝加哥分会的主席。在那个位置上，她说服联邦政府于1907年调查工业中妇女和孩童的工作条件。她在伊利诺伊州和其他几州推动工资和工时立法。她协助成立美国劳动部妇女局。1909年，她说服少数妇女和她一起到市政府会见芝加

哥的卫生委员，讨论她们小区垃圾堆的问题。同时，麦道卫激励芝加哥的妇女俱乐部组织废弃物委员会，她建议市政府应该成立委员会以准备全市的废弃物处置计划。当她在 1936 年逝世时，帕廷顿居民把她家所在的格罗斯大街改称为麦道卫大街。

第四章讲述急难下的吹哨者，包括三位妇女。第一例是瑞秋·卡森（Rachel Carson, 1907—1964）。1962 年初，《寂静的春天》（*Silent Spring*）以一系列文章的形式在《纽约客》（*The New Yorker*）刊登，引起很大反响。农业化学工业运用其巨大力量和财富尝试阻止它以专书出版。《时代》（*Time*）和《新闻周刊》（*Newsweek*）把《寂静的春天》视如垃圾。《读者文摘》（*Reader's Digest*）取消和卡森签订出版另一本书的合约。虽然卡森没有活到见证《寂静的春天》描述的所有改变，却有一些令她获得安慰的事。1963 年总统科学顾问委员会的报告为她的工作辩护。在她逝世前几个月，她在参议院一个调查农药使用的分支委员会作证，并提出行动建议。因为世界听了卡森的话，白头鹰、游隼和其他野生动物才依然存在。卡森最担心的事情没有成为事实，这无疑是她最伟大的遗产。

第二例是为贺尔蒙瓦解敲警钟的柯尔朋（Theo Colborn, 1927—　）。柯尔朋是科罗拉多州的牧羊农人，她曾在科罗拉多的环境运动中担任义工，致力于西部的水问题。她在五十几岁时从科罗拉多大学获得生态学硕士学位，并从威斯康星大学获得动物学博士学位。1996 年，柯尔朋

开始一项科学追踪计划，它让全世界环境团体吃惊，震动化学工业，并引起了激昂的辩论。柯尔朋为推进内分泌紊乱假说（endocrine disruption hypothesis）的研究，花了七年时间收集整理数据做成一个数据库，并把从科学文献中和世界各地科学家那里搜集到的研究信息加以综合，以《失窃的未来》（*Our Stolen Future*）为题出版。到 1996 年底，《失窃的未来》已出了七版精装本，并出版平装本。它已被译成 12 种语言，并在国外广受欢迎。在 1997 年 3 月，UNEP 在其 25 周年庆典上表彰来自世界各地的女性环境奉献者，柯尔朋是其中之一。

第三例是抗议密歇根州密德兰（Midland）核能电厂的辛克莱（Mary Sinclair, 1919— ）。1967 年，辛克莱定居密德兰后，她知道地方的电器公司计划在离她家两英里处建立一座核能电厂，该地有十万居民。她决定要确知它是否安全，在电厂开始运转之前，为了激起小区讨论，她写出她相信的事实并刊登在《密德兰日报》（*Midland Daily News*）上。不顾社会的嘲笑和排斥，辛克莱开始集中研究核能安全的问题。1970 年，辛克莱组织了一个公民团体——萨基诺谷核子研究群（Saginaw Valley Nuclear Study Group）。基于所需的环境影响评估有错误，辛克莱的团体及律师决定在法院挑战核电厂建造执照的问题。1976 年，法院判决环境影响评估确实不足。但美国核管理委员会（Nuclear Regulatory Commission, NRC）只简单地举行听证会。后来，美国最高法院判定建造可以继续，主要是因为

已经投入了那么多钱。同时，辛克莱继续密切地监视工地活动。在运转许可听证开始之前，辛克莱和她的团体已经累积并整理出 18 项理由，认为运转许可必须被否定。辛克莱从未停止揭露的问题终于撼动了密德兰的公众情绪。地方报纸在社论中说，辛克莱从一开始就指出的问题是正当的。NRC 针对重要的违规对建造商罚款 12 万美元。1983 年，NRC 与公司的代表在一次公开会议上面对一大群来自密德兰的听众。这次，当辛克莱讲话时，她听到的是欢呼而不是嘘声。电力公司最终放弃了核电厂的计划，把它变成一个燃气的电厂。

第五章讲述妇女的愤怒潮，包含三位妇女的故事。第一位是抗议英国筑路的穆丝特（Emma Must, 1963—　）。位于英格兰南安普敦以北六英里处的特威福德唐（Twyford Down）是温彻斯特历史古村，拥有美丽的山麓。由于它特有的自然栖地、历史意义及考古遗址，当地居民抗拒英国交通部为延伸公路而破坏特威福德唐。1992 年底，推土机移除了珍贵的中古时期径路，抗议者与筑路工人面对面抗争三天。当执法队伍移除了栋加（Dongas）小径，大多数居民都以为抗议已失败。但是穆丝特决定阻止开路，她协助组织了一个新团体"特威福德唐警报！"，进行最后的努力。1993 年初，推土机回到特威福德唐，筑路工人发现数百个抗议者再度面对着他们，穆丝特挺身而出把自己绑到推土机的斧上五小时，这个行动成为英国反对筑路运动的标志。在六个月内，"特威福德唐警报！"在工地进行了五

十多次和平抗议。但在 1993 年 7 月，法院宣判赞成交通部，并对 57 位抗议者发布禁令。当有些人不顾禁令参加一次超过千人的抗议时，穆丝特和其他六人被以"民事罪"逮捕下狱两星期。抢救特威福德唐的努力失败了。但运动使全国舆论注意到交通部的大规模工程计划。穆丝特把"特威福德唐警报！"改组成更广泛的"道路警报！"。1994 年春，穆丝特参加名为"Alarm UK"的全国性保护组织。到了 1994 年底，超过 250 个公路抗争团体散布在英国。结果，英国交通部取消 60 项筑路计划，并延缓其他 70 个计划达十年。现在英国正在建立一个不是基于建筑更多公路的策略。穆丝特在 1995 年获得戈德曼环境奖。

第二位是美国南达科他州的陶尔（Joann Tall, 1953—　），一位住在松岭保护区（Pine Ridge Reservation）的拉科塔族人（Oglala Lakota）。1973 年，陶尔与美国印第安人运动（American Indian Movement）的 200 名会员参加占领伤膝村（Wounded Knee）运动，在伤膝村进行 71 天的静坐，要求把伤膝村纳入松岭保护区内，并要求参议院调查印第安人面临的可悲处境。但交涉没有成功。这次伤膝村插曲后，因为反印第安人的法令涌进国会，陶尔更加生气。此后二十多年中，陶尔不但把自己奉献给印第安人的权益，也奉献给环境行动主义。废弃物工业发现印第安人保留区对有毒废弃物的规范较少，因此，1980 年代末和 1990 年代初，他们选定 60 个印第安人小区作为有毒废弃物倾倒的地点。在经济发展的掩饰下，工业开始接触印第安

人部落，保证给予大量的金钱和工作机会来换取允许有毒废弃物的倾倒。此外，他们选定松岭保护区内一块面积达 5 万英亩的土地作为有毒化学品的掩埋场。这个提案激怒了陶尔。在 1991 年她与其他草根团体在 Black Hill 举行了一个重要会议，来让许多印第安部落认识到针对原住民的环境种族主义和经济勒索。陶尔协助成立原住民环境网（Indigenous Environmental Network），这个联盟包含了五十余个组织，协助保育和保护在美国和加拿大的原住民族。1993 年，戈德曼环境奖基金会选出陶尔为全球环境英雄。

　　第三位是马丁-布朗（Joan Martin-Brown, 1940—　）。在 1970 年代末，马丁-布朗任职于美国国家环境保护局（Environmental Protection Agency, EPA）四年，她走遍全国，有机会和许多女性环境工作者交谈。她启动一项全国推广计划，把环境信息传播给妇女，让她们可以成立一个网络来互相帮助；她也撰写材料来说明妇女问题与环境关注之间的关联。受到妇女网络的鼓舞，马丁-布朗想要成立一个全球的非政府组织来动员妇女从事环境管理，推进公共教育，提倡在环境政策决策过程中的妇女观点。于是，1981 年，马丁-布朗和两位朋友建立非营利的万维网（WorldWIDE Network），她自己担任主席达十年。这个网络协助世界妇女分享知识，并互相帮助。同时，马丁-布朗也参与联合国环境保护计划（UN Environment Programme, UNEP）北美区域董事会的工作。她成功地游说国会给予财务支持。马丁-布朗的任务也包括发展 UNEP 与 WorldWIDE 及许多其他单位协同

的合作计划。在她任职于 UNEP 的 13 年间，还参与组织在亚洲、非洲、拉丁美洲和加勒比海地区的主要妇女会议。这个努力累积成 1991 年在迈阿密举行的妇女与环境问题全球大会（Global Assembly on Women and the Environment），由妇女环境与发展组织（Women's Environment and Development Organization，WEDO）主办。这个会议集合来自 84 个国家的妇女，她们交换关于能源与环境的企业精神，及关于废弃物和水资源管理的成功故事。她们超越文化差异，建立新的联盟，并为地球生态危机之原因进行复杂的分析。这一系列的妇女会议为 1992 年的里约会议提供了案例，把关键的妇女与环境任务列入《21 世纪议程》。不过，影响妇女的规定未让妇女可以在协商桌上有话语权。所以，妇女团体的成员在 1997 年 6 月联合国的一项特殊会议上评估这个问题，并再度推动她们的议程。她们的目标包括确保农业政策提倡地方的食物生产、移除妇女平等取得自然资源的障碍，以及拨出 1% 的发展援助给妇女。马丁-布朗把她在 UNEP 的一些创意引入教育工业部门，把工业界代表引进有关环境问题的对话。她也开创 UNEP 与工业对预备紧急反应的计划，与化学工业协会合作。马丁-布朗对全球环境教育的投入激发她从事一项 UNEP 计划，把苏斯博士（Dr. Seuss）的童书《绒毛树》（The Lorax），翻译成多国语言。为了这项计划，马丁-布朗与作者、出版商以及泰国、肯尼亚、埃及、巴基斯坦、伊朗、巴林、沙特阿拉伯、巴西、中国、坦桑尼亚的政府结成伙伴关系。

1994年她担任世界银行副总裁的永续发展顾问。1995年她代表世界银行出席在罗马举行的气候变迁会议。在为环境奋战35年的生涯中，马丁-布朗曾担心妇女非政府组织与环境非政府组织之间的协调。她指出，妇女自己和环境活动者都没有掌握足够的政治影响力来吸引政策决策者的注意。她觉得，在解决环境问题时有太多的歧异而特殊的想法。

第六章陈述三位家庭主妇的故事。第一位是为纽约州爱河（Love Canal）奋战的吉布斯（Lois Gibbs, 1946—　）。吉布斯和她的邻居们投入一生积蓄买下尼加拉瓜瀑布爱河附近的房屋时，并不知道附近有倾倒有毒废弃物的地点。十几年来，Hooker化学公司已倾倒21 800吨有毒废弃物在运河内，也把杀虫剂倒进城市的下水道。1970年代中期，当闻到令人窒息的恶臭和看到从地下渗出的污泥时，吉布斯与她的邻居开始警觉。在1978年春，吉布斯动员一个邻居委员会，后来在夏天演变成爱河屋主协会（Love Canal Homeowners' Association, LCHA）。虽然在1977年的《尼拉加公报》（*Niagara Gazette*）上刊登了百余篇关于爱河情况的报道，但社会并未快速伸出援手。同时，吉布斯开始组织激烈的运动以强迫地方、州和联邦机构来调查问题并采取行动。借着一位生物学家贝弗利·派根（Beverly Paigen）的帮助，吉布斯和其他家庭主妇进行一项调查来记录小区的卫生问题。一开始，州政府当局不相信这项调查的资料，因为是由家庭主妇而不是流行病学家收集的。但

州政府在 1978 年 4 月发布的报告揭露相关的化学品可能危害人类的生理系统。同年 8 月 7 日，卡特（Jimmy Carter）总统宣布爱河是联邦的一个灾难区，这是第一个未涉及自然灾害的指认。同月，吉布斯在奥尔巴尼的国家卫生部听证会上提出关闭学校的请求。在结束时，卫生部命令小学关闭。同时建议住在倾倒地点附近的两岁以下小孩和怀孕的妇女暂时撤离。在随后几月，吉布斯主持好几次记者会，到国会作证，并和联邦机构主管会面。吉布斯在纠察阻止污染的运动中，曾被捕下狱好几个小时。但在吉布斯和 LCHA 的压力以及科学家的建议下，纽约州当局在 1979 年 11 月宣布，州政府将购买愿意搬迁者的房屋。然后，在 1980 年 5 月底，EPA 的报告揭露，除了许多卫生问题外，有些居民的染色体已被破坏。这消息引发小区的恐慌而几乎暴动。吉布斯和其他居民发布一份最后通牒给白宫，并把两位 EPA 官员当人质扣押在 LCHA 的办公室五小时，以迫使政府出手。1980 年 5 月 21 日，在 EPA 人质被放出后两天，卡特总统第二次宣布小区是联邦的灾难地区，又签下一份紧急命令，提供资金为留下来的住户搬迁之用。1982 年，CBS 广播公司把吉布斯的经验播放两小时。她收到来自全国各地的三千封信，请求她协助解决有毒废弃物的问题。于是，吉布斯成立卫生、环境与司法中心（Center for Health, Environment and Justice），她和 8000 个草根团体合作，提供信息和技术协助，并举行工作坊来教导倾倒场附近的小区如何进行成功的抗议。1990 年，吉布斯获得戈

德曼环境奖。

第二位是在缅因州对抗毒药的欣兹（Cathy Hinds, 1952—   ）。在1975年，欣兹与她的家庭为寻找有清洁空气和水的农村环境，从波特兰搬到东格雷。当地恶臭的井水立刻使欣兹感到难受。邻居们对井水的抱怨使欣兹相信，小区的井水来自相同的地下水源。不久之后，她的整个房子都充满臭气，她的两个小女儿出现皮疹，她的丈夫开始苦于气喘。搬到东格雷两年后，欣兹流产了。1977年，欣兹不断增加的关注迫使她召集邻居一起讨论问题。她邀请其他镇的卫生官员来出席会议。她把水样本送到好几个检验实验室。由于检定有毒化学物的技术尚未在各处发展，好几个月后，才从麻州的实验室认定水中有三种污染物：三氯乙烯（trichloroethylene）和三氯乙烷（trichloroethane）有毒但无臭味，二甲硫（dimethyl sulfide）无毒但产生臭味。后来，又检测出数十种污染物。同时，地方卫生官员也自己进行研究并把发现交给欣兹，并建议居民不要喝井水。几个月后，欣兹知道用井水烹饪也有危险。最后发现，洗澡、洗衣和清理室内都不宜。检测结果显示井水会冒出有毒的气体。1978年1月，小区有几十口井都加了盖。当局追踪污染源到欣兹家附近，发现了为三百家厂商处理工业废弃物的马金公司。污染物已渗入地下水供应系统。虽然州政府命令公司关闭，它的废物堆所留下的化学物仍在。从冬天开始，欣兹和她的邻居必须从镇上一个公共水栓取水。当检测证实甚至这些水也含有三氯乙烯，欣兹不得不

到更远的水源取水。同时，欣兹家人和小区的一些人健康继续恶化，包括头痛、晕眩、气喘、皮疹、呼吸器官的问题，流产的比例高达平均值的 7.9 倍。困惑的医生不知道如何处理这些疾病。欣兹从一位保守的人变成一位直言不讳的公民权争取者。欣兹和她的邻居，除了告诉新闻记者，也开始挨家分送她们准备的传单，让公民知道最新的消息。对东格雷居民困境的公开同情传播到较大的格雷小区。结果公众投票同意把输水管延展到东格雷，虽然每人的税必须增加。水井加盖后六个月，小区终于有了干净的自来水。大约在这时，全国注意到爱河的灾难。1979 年，欣兹看到一个电视节目《杀戮场》（*Killing Ground*），讨论全国的有毒废弃物及爱河问题。她发现了爱河的吉布斯并与之结为联盟，追随吉布斯的做法，欣兹和邻居组织环境公共利益联盟（Environmental Public Interest Coalition, EPIC）。欣兹很快接到邀请去立法委员会作证。后来，欣兹找到曾帮助吉布斯调查爱河的贝弗利·派根协助，调查马金有毒废弃物倾倒场地。欣兹和派根发现小孩在已关闭场址堆放的桶间玩耍。欣兹和她的同事邀请电视和报纸的记者到她家的前阳台出席一个记者会。第二天，州政府官员出现了，由记者陪同，欣兹带领官员到倾倒场地，要求移开废弃的桶并加上围篱以保护儿童。她进一步要求在两星期内开始动工，在截止日期前几小时，州政府来电话要求延期，欣兹不同意，并说，如果州政府的人员不出现，小区的成员将在第二天和记者们到现场。州政府人员终于出现了。1991

年，欣兹接下任务指挥一个处理军事毒物的网络计划，与住在国防设施附近的人们合作。她的组织包括全国 150 个开展军事基地清除工作的团体。欣兹也和另外 500 个聚焦于军事毒物的团体建立网络。她说，基层的人们要集合起来，以便解决我们目前的生态困境。

第三位是记录"猫跳舞病"的石牟礼道子（Ishimuri Michiko, 1927—2018）。过去五十年见证了日本传统屈从的妻子和母亲之转型。全职的家庭主妇已负起领导人的角色来保护环境和家庭福利。第二次世界大战后，快速的再工业化伴同宽松的日本环境法律，以生产胜于公共福利的态度，造成前所未有的健康危害。最大的案例是水俣湾渔民的甲基汞中毒。早在 1925 年，チッソ株式会社就开始给水俣湾渔民金钱让他们保持沉默。到 1950 年代，鱼尸漂浮在水俣湾的水面；鸟从空中掉落并死亡；猫像是醋醉一样到处乱跑，常常倒进海湾中。到 1950 年代末，水俣湾几乎没有猫，而老鼠在小区出没。猫和人的症候相似，使该地方的人把他们的病称为"猫跳舞病"。石牟礼道子逐户访问邻近的家庭，听他们的故事，和他们一起为受伤的身体和生命痛哭。她记下所见所闻。1960 年，她第一本记述水俣病的书《苦海净土三部曲》（*Cruel Tales of Japan — Modern Period*）出版。1963 年，她试着说服市长同意办一项展览来展示由摄影师拍摄的水俣病患照片，但市长拒绝。后来她成功地请教师协会同意在教育节举办展览。1965 年，水俣病在附近的新潟出现。石牟礼道子重启活动。她协助组织对抗水

俣病协会。这个团体包含了 200 位患水俣病的居民，迫使中央政府针对水俣病的原因发布明确的声明，并要求中央和地方政府确保患者的生活和健康得到照顾。1968 年初，石牟礼道子以协会的名义写了一份陈情书，要求政府让病患获得福利补助、协助病患获得就业机会和在康复医院中的教育课程。陈情书也登在报上，并呈交熊本县议会、水俣市议会和在东京的国会主席。1969 年，石牟礼道子的书《苦海净土》（*Paradise in the Sea of Sorrow*）出版后立刻成为畅销书，并获得三个奖。这本书重印了 30 次，并被电视节目和民谣采用。此后，石牟礼道子又出版了几本书，包括文章和诗，以及小册子讨论水俣病及其意义。自 1972 年以来，日本公民团体已致力于阻止建造产生污染的工厂。妇女在这些活动中扮演着领导的角色。1996 年秋，一个公民团体举行了一项为期两周的展览会，纪念水俣悲剧四十周年。《苦海净土》的原稿也在展示中。在第一天晚上的全体会议上，石牟礼道子以《我们往何处去?》为题演讲。

第七章讲述为生态灭绝奋斗的三位女科学家。第一位是反抗克格勃威胁的泰亚娜·阿咏基娜（Tatyana Artyomkina, 1946— ）。1969 年，阿咏基娜获得梁赞国立师范大学（Ryazan State Pedagogical University）的化学学士学位。在科学研究机构工作几年后，她成为一个新技术计划机构的生产工程师，到苏联各地的工厂去介绍机构的产品。她常常发现新产品不见得比旧的好，这使她受到伦理意识的困扰。此外，在化学技术领域工作看到的工业浪费自然资源

和造成污染的做法，改变了她的想法。后来，她接受水文气象学国家委员会的邀请，担任梁赞实验室的主任，负责制定有害气体排放的标准。1980年代初，在梁赞实验室主任的岗位上，阿咏基娜发现重要的环境与卫生事实被当局隐藏。她开始把秘密文件送给绿色团体（Green Group），该团体成员再悄悄地把这些文件散播出去，甚至交给当地较民主的报纸去公布。阿咏基娜的环境间谍行为受到了克格勃的威胁。尽管如此，她继续做并在1984年公开承认她是绿色活动者。她公开地反对在梁赞盖制革厂，也努力去阻止梁赞市官员在奥卡河（Oka River）上建造地面管道以输送家户垃圾和有毒废弃物。她邀请专家来证明地面管道的危险，并建议建造地下的下水道系统。但在1988年，地区一位新的共产党主管试图恢复旧计划。阿咏基娜和绿色运动的同事组织了群众游行公开抗议，之后，当局放弃旧计划并完成下水道系统。后来，梁赞绿色运动计划建立全国性的保护自然委员会，推选阿咏基娜为领导人。1990年，阿咏基娜成为新的梁赞市自然保护委员会的主席。然而，1990年代苏联的经济解体激起人们对绿色团体的反弹，谴责他们迫使数百家企业关闭。目前，阿咏基娜领导俄罗斯社会生态联盟（Russian Socio-Ecological Union）的梁赞支部，也是俄罗斯绿党（Russian Green Party）的女副主席。她作为绿色运动领导人，协助她的国家从生态灭绝中恢复。

　　第二位是揭露健康事实的玛丽亚·契卡苏娃（Maria Cherkasova，1938—　）。契卡苏娃是一位记者，也是生物学

家、动物学家、生态学家、鸟类学家。自 1990 年起，她担任独立生态计划中心（Center for Independent Ecological Programs, CIEP）的主任，这个团体聚焦于生态恶化。契卡苏娃坚持生态灭绝已经在消耗国家的实力和资源。结合了研究与实作，CIEP 把生物学家、化学家与医生集合起来保护人民在健康的环境生活之权利。他们进行研究来认定各种导致健康问题的有毒污染物。1995 年，她在 CIEP 内建立生态与卫生协会，成员包含了失能孩童的父母、卫生专家、支持团体、复原中心和非政府组织的代表。这个组织成为 CIEP 工作的重要工具。1990 年代初，契卡苏娃对孩童的特殊关怀引导她和莫斯科国立大学的教师与学生共同创建在 CIEP 的庇护下的苏兹达尔儿童中心。1990 年，契卡苏娃到美国与环境非政府组织建立交换计划。契卡苏娃在通俗科学期刊上定期撰写专栏文章。在过去二十年，她已撰写百余篇论文和专书，有些是关于稀有的濒危物种，有些揭露被掩盖的环境恶化之事实。

第三位是波兰的玛丽亚·古明斯卡（Maria Gumińska, 1928—1998）。古明斯卡是一位医生、生物化学家、教授、研究者、非政府组织的领导人、多产的作家和活动者。直到 1998 年逝世前，她住在克拉科夫（Kraków）附近的住宅区。对于在靠近波兰南边塔特拉山脉（Tatra Mountains）长大的古明斯卡来说，克拉科夫的空气伤害了她的意识。1969 年，她受命与波兰科学院克拉科夫分院的专家一起去调查氟化物毒物。她对炼铝厂电解部门的工人进行健康检

查。1975 年，古明斯卡和同事想发表他们的数据，但被当局禁止。到了 1978 年，她对污染的焦虑变得很强烈。1980年秋，波兰团结运动兴起，古明斯卡和一些意见相同的公民及生态学者（大多数是女性）创立波兰生态社（Polish Ecological Club, PKE），这是波兰第一个独立的生态非政府组织。他们的活动对抗波兰共产党不顾人类健康、自然和历史的政策。同年 12 月，古明斯卡把她关于炼铝厂氟化物毒物的论文发表在地方的报纸上。不久之后，市政当局要求克拉科夫生态学家报告氟化物对健康的危害。接到报告两个月后，克拉科夫市长决定关闭炼铝厂的电解部门。地方当局单方面的决定导致市长在 1981 年春被波兰共产党监视。为停止这种不受控制的行动，波兰当局在 1981 年 12月 13 日宣布戒严，中止公民集会活动的许可。但 PKE 并未正式登记，所以还能够继续他们的活动直到 1983 年解严。古明斯卡在 PKE 的领导角色，使她在波兰环境运动中一直处于前沿。1995 年 3 月，古明斯卡在克拉科夫举办了一天的讨论会。她们和来自日本的妇女环境运动者交流经验。同年，古明斯卡也代表 PKE 到菲律宾马尼拉出席非政府组织的国际会议。她相信这类国际公民的行动是解决地球目前生态困境的途径。现在 PKE 有 4000 名会员、15 个分部和 150 个群体遍布波兰。她出版了一套八册的书，题为《拯救地球》（*To Save the World*），已被译成七种语言。透过这些出版品，古明斯卡把生态问题在社会组织和科学社群之间通俗化。她说，每个人都有道德义务来保护地球

的资源。

第八章论述毅力和耐心的报酬，包含四位妇女的故事。第一位是美国佛罗里达州的布朗纳（Carol Browner, 1956—　）。布朗纳在大沼泽地（Everglades）长大，她深知观光业对佛州的重要性。1990年代初，布朗纳在环境规制司（Department of Environmental Regulation, DER）担任秘书两年，她曾简化佛州的规章以缩短获得运用许可审查的时间。尽管如此，她坚持必须遵守规章。1991年，当奇利斯（Chiles）成为佛州新任州长，他把布朗纳带进他的顾问团当秘书。1992年全国大选之后，布朗纳被指定协助高尔（Gore）副总统处理新行政的过渡。后来，为EPA的职位而与卡特总统面谈，则是出乎她意料。她从未想象她将成为EPA第一位女性行政官员。在布朗纳的优先名单中，预防污染比清除更加重要。在EPA，布朗纳启动更全盘的程序来处理问题，为整个生态和社会系统发展整合出解决方法。她扩大了毒物排放的名单，要求工业公开毒物排放的信息给大众。她也特别关心湿地的保护。1996年5月，她宣布EPA已在法院赢得2200万美元用来赔偿湿地受到的破坏。1997年，全国制造业协会开展一个运动来对抗国会提出的更严格的空气净化标准。她列举科学证据来证明，为粉尘和烟雾所定的标准非常不足，让数千位公民受苦。1997年一项公开的民意调查显示，83％的美国人赞成更严格的标准。

第二位是建立中美洲第一个珊瑚礁保护区的吉布森

(Janet Gibson, 1953—)。中美洲的伯利兹（Belize）有一片广大的海洋生态系统，包括137英里长的暗礁，被海洋生物学家认为是全球七个水下奇迹之一。1980年代中期，吉布森开始关心持续的发展对珊瑚礁的威胁。珊瑚礁很脆弱，海温只要轻微上升就可能毁坏九成。珊瑚礁有巨大的经济价值。然而，它们正被人类活动以每秒230平方码（约合192平方米）的速度破坏。1980年代中期，吉布森任职于贝里斯渔业部时，注意到渔业和观光业对珊瑚礁的开发。同时，她也在国际野生生物保护学会（Wildlife Conservation Society，WCS）兼职，并在当时还在成形中的贝里斯环境保护社团（Belize Audubon Society）担任义工。除了游说渔民，吉布森还努力争取商业性观光业者的支持。同时，她为霍尔禅保护区（Hol Chan Reserve）准备长期的策略计划，并协助取得财务支持来维持运作。在两年辛勤的努力下，保护区于1987年成立。1996年，把保护区扩大5平方英里的建议正被考虑。但吉布森认为更重要的是，贝里斯的其他小区也正在计划建立相似的保护区。她在1990年获得戈德曼环境奖。在1992年的里约地球峰会的支持下，国际珊瑚礁研究所（International Coral Reef Institute）于1994年12月成立，协助保护珊瑚礁并透过科学的信息网络来做更好的决策。联合国和世界银行宣布1997年为珊瑚礁年。

第三位是华盛顿州不懈的倡导者戴尔（Polly Dyer，1920—2016）。位于华盛顿州西北的奥林匹克国家公园

（Olympic National Park）现在是国际承认的世界遗产和生物圈保护区。这是一个未被操纵的生态系统，包括温带雨林、高山森林、冰川覆盖的山脉和独特的海岸地带。戴尔是登山者协会（Mountaineers Club）和山岳协会（Sierra Club）的活动者，也是西方户外俱乐部（Federation of Western Outdoor Clubs）的主席。1956年，她和两位荒野社团的领导人在她家的客厅热烈地讨论，他们能够为奥林匹克国家公园做些什么？在1950年代，还没有《荒野法》（*Wilderness Act*），对环境保护的关注也未普遍。但是，保护的思想已在一些人的心中生根。例如，1948年，奥林匹克公园协会成立，以保护公园及其荒野的完整。戴尔对保护荒野的投入激发她努力促成《荒野法》在1964年通过。在1974—1994年间，戴尔的全职工作是在华盛顿大学担任环境研究所的环境教育主任，她为生态问题提出背景信息并召开会议来检讨互相矛盾的问题。她也为该研究所创办一份通讯《全球环境展望》（*Environmental Outlook*）。在过去25年，超过12个地区性和全国性自然保护组织以及学术机构颁给戴尔荣誉。许多华盛顿州的人坚信，如果没有戴尔的自愿工作，今天华盛顿州的地图将很不同。

第四位是巴西的环境主义者瓦克（Pat Waak, 1943— ）。在1960年代中期，作为巴西和平工作团（Peace Corps）的护理教练，瓦克看到很多妇女自己进行堕胎。在哥伦比亚大学人口与家庭健康中心工作三年之后，

瓦克于 1985 年加入奥杜邦学会，这是第一个关注人口问题的环境协会。瓦克设计了一项五年计划，聚焦于公共教育和公民的动员。这是一个最成功的家庭计划，在设计和执行时都有妇女参与其中。在三十余年中，瓦克与非洲、亚洲、拉丁美洲的妇女共同完成了这些工作。在和平工作团时，除了在护理学校任教，她也进入巴西贫民窟为小孩和未受教育的妇女上课。1991 年，瓦克出席在迈阿密举行的国际妇女会议。1992 年里约地球峰会前和会议时，瓦克都是妇女预备会议的驱策者。1994 年，瓦克以美国代表团员的身份出席在开罗举行的联合国人口与发展会议。瓦克认为，快速的人口成长、贫穷和环境恶化互相影响。这些问题要整体处理而不是分开处理，这是我们走出困境的唯一方法。

第九章讨论新楷模的形塑，包含七例。第一例是挪威第一位女首相布伦特兰（Gro Harlem Brundtland, 1939— ）。布伦特兰成长的家庭，是会在餐桌上热烈讨论互相矛盾的公共问题的。她从奥斯陆大学获得医学学士学位，是一位医生。布伦特兰的智力和政治敏锐性受到重视，挪威首相任命她担任卫生与社会服务部长。不久之后，在 1974 年，布伦特兰才 35 岁，首相改命她担任环境部长，长达四年。1977 年，作为工党（Labor Party）的活跃成员，她在国会中赢得一席。她在 1979 年辞去国会职务，专心做工党主席。1981 年，她担任首相八个月。1983 年，联合国秘书长邀请布伦特兰建立并领导一个独立的委员会，以处

理全球危机并制定改革的议程。委员会在五大洲举办听证会，在审议期间（1984—1987），发生了重大的环境悲剧，如博帕尔（Bhopal）、切尔诺贝利（Chernobyl）、非洲之角的饥荒、墨西哥市汽油库的爆炸，都造成严重的伤亡。委员会的报告《我们的共同未来》（*Our Common Future*）把永续发展定义为：为我们自己的需要安排我们的事务，而不损害未来的世代满足他们的需要。消费必须维持在生态可能的范围之内。委员会预测永续发展的提倡将引发社会的态度和目标的巨大转移。这份报告很快被称为《布伦特兰报告》，把全球的责任放在国际议程之中。1987 年，英国广播公司和美国 PBS 以《布伦特兰报告》为基础，制作一档系列的电视节目《只有一个地球》（*Only One Earth*）。1993 年，布伦特兰在联合国会议上演讲，她强调，在已工业化的国家减少消费并不必然会降低生活水平。她也说，妇女的教育是结合较高生产力、较低婴儿死亡率和较低生育率最重要的路径。在担任首相十多年之后，1996 年 10 月，布伦特兰宣布下台。她留下的遗产是指出政治脉络下的地球疗愈之路。

　　第二例是未来学者韩德逊（Hazel Henderson, 1933—　）。1975 年，当韩德逊在国会的联合经济委员会会议上讲话时，她批评传统经济学，并提出她对经济转型的看法。委员会成员大笑，抗议说他们看不出这种转型有任何证据。然而，1991 年，在伦敦一次会议上，韩德逊与35 位各国的前领导人会面讨论转型的经济学，会场则完全

没有了笑声。同样，1995 年，应戈尔巴乔夫（Mikhail Gorbachev）之邀，在旧金山举行的 21 世纪经济圆桌会议上，也没有笑声。韩德逊在过去 25 年来，自称是一位反经济学者，挑战传统经济学的主张。她相信经济学只是政治学的伪装。韩德逊和其他环境主义者建议，经济学训练的狭窄聚焦必须加以扩大，以包括环境和社会科学的训练。韩德逊在 16 岁时退学。从英国来到美国后，她开始自修。她的研究成果集中于她的头两本书——《创造另类未来：经济学的终结》（*Creating Alternative Futures：The End of Economics*，1978）和《太阳时代的政治：经济学的替代品》（*Politics of the Solar Age：Alternatives to Economics*，1981）。1975 年，卡特承认她拥有提出长期观点的能力，任命她负责竞选工作的经济事务。里根（Ronald Reagan）竞选总统时正逢《太阳时代的政治》出版，他担任总统后，通过了太阳能税收抵免政策。卡尔弗特社会投资基金（Calvert Social Investment Fund）任命韩德逊担任顾问。通过 1997 年的调查，卡尔弗特团体认为有 81％的美国人将更乐意投资于对环境负责的公司。她的第三本书《进行中的典范》（*Paradigms in Progress*）和第四本书《创造双赢世界》（*Building a Win-Win World*），讨论世界当前的社会和经济混沌是人类转型到成熟物种的证据。韩德逊也相信全球草根运动将会加速推进永续发展。

　　第三位是主张发展加上保护的诺伯格-霍奇（Helena Norberg-Hodge, 1946—　）。瑞典语言学家和人类学家诺伯

格-霍奇在 1967 年出版了自己的书《古代未来》（*Ancient Futures*），探讨西方的发展模式是否适用于全球的文化进步和经济发展等相关问题。是否有不同的路径适合发展中国家的未来？1975 年，诺伯格-霍奇到喜马拉雅北麓的拉达克（Ladakh）去学习当地的语言和文化。在当时，拉达克几乎尚未受到西方的影响。拉达克人仍生活在数千年来不用货币的维生经济中。1975 年以后，诺伯格-霍奇每年都会到拉达克住一段时间。1983 年，诺伯格-霍奇创立拉达克生态发展群（Ladakh Ecological Development Group，LEDeG）来探索拉达克人对于永续发展模型的兴趣，进行反发展的活动，以阻止更多专业化、生产集中化以及来自远处的决策控制。当拉达克人开始用政府补助款去买他们自己消费不起的进口煤和木柴，诺伯格-霍奇获得拉达克计划委员会的许可，进行一项太阳能室内热气系统的试点项目。她也介绍太阳能烤箱、太阳能热水器和温室，后者让人们可以在漫长的冬季生产蔬菜。借着对电力的兴趣增加，LEDeG 的技术计划把重点放在发展小型发电上，以提供室内照明。LEDeG 也出版第一本以拉达克语言撰写的有关生态学的书。诺伯格-霍奇在北美和欧洲演讲时，描述传统拉达克文化的生态和社会平衡。她让听众更注意西方社会问题的一些原因，也致力于让人们认识到，更永续的生活方式是可以做到的。

第四位是全球斗士薛娃（Vandana Shiva, 1952—　）。薛娃是一位物理学家、哲学家、生态学家、女性主义全球游说者。她在印度喜马拉雅山麓的台拉登（Dehra Dun）长

大。在离家外出求学七年后，她回到故乡，发现老森林都消失了，被改为苹果园。她听说抱树运动妇女的事，并志愿协助一个叫作"抱树之友"（Friend of Chipko）的网络，她和同事撰写文章来驳斥反对抱树运动的科学论文。她相信抱树运动是印度生态意识再觉醒的标帜。在组成她自己的独立基金会之前，薛娃曾任职于印度的政府机构。在建立自己的研究设施后，她透过著述、演讲、游说和参加国际论坛来使自己成为全球斗士。利用她母亲在德拉敦的一座牛棚，她和她的研究组在那里进行科学和技术的评估，聚焦于对自然资源的争执。1981 年，她建立自己的科学技术与自然资源政策研究基金会（Research Foundation for Science, Technology, and Natural Resources Policy），她并不想依赖外来的钱来进行研究计划。在她的牛棚总部，薛娃启动对基因工程的种子、食物和生命的全球性反抗运动。她认为，这些作为剥夺了地方农民的财产权，阻碍了永续农业的发展。作为批判今日再生产和农业技术的领导人，薛娃把她讨论知识产权的新书定名为《生物盗版》（Biopiracy）。南方国家的丰富基因提供许多资料给北方公司以基因工程加以改造并取得专利。薛娃在《绿色革命的暴力》（The Violence of the Green Revolution, 1989）中说，在 1976—1980 年间，南方国家每年贡献 3.4 亿美元给美国农业经济，而且野生细菌原生质的累计价值达 66 亿美元。然而，南方国家并没有分享这些利润。她在《心灵的单一文化》（Monocultures of the Mind, 1993）中指出，私有化的问题

逐渐成为民主和人民意志的威胁，因为一些为跨国公司工作的科学家在政府规范体系内工作并主导科学研究。在这种情况下，只有公民才能保持公共问题的优先，并为新的生物科技保留公共控制的空间。薛娃建议，北方和南方的不平衡只能借着承认地方小区对生物多样性的贡献来加以纠正，并以生物民主来取代生物帝国主义。自 1985 年以来，她已经写了 20 本书和 150 篇论文刊登在技术和科学的期刊上，表达她对这些问题的看法。

第五位是关注非洲农人食品安全的万布谷（Florence Wambugu, 1953— ）。肯尼亚的万布谷关心在非洲消除饥饿，把她的植物学、农艺学、植物病理学和生物技术知识用于改善家乡的食品作物。她挑战研究抗病的品种。终于，她的工作成为肯尼亚和乌干达番薯研究的典范。1978 年，万布谷从内罗毕大学获得植物学学士学位后，在肯尼亚农业研究所（Kenya Agricultural Research Institute, KARI）工作四年。1980 年代，万布谷抓住每一个机会来扩充她对植物细胞和组织培养的知识，参加在美国举办的短期课程、研讨会和工作坊，参加考察团到英国和加拿大研究各种作物，出席国际会议。万布谷认为她在 KARI 的经验是她的事业转折点。万布谷的突破发生在 1991 年，美国国际开发署挑选她接受第一个博士后研究奖学金，以生物技术来为非洲农人改善根和块茎作物。这份三年的奖学金让万布谷在密苏里州的孟山都生命科学研究中心（Monsanto's Life Science Research Center）研习基因工程，她的研究聚焦于运

用生物技术创造抗病番薯。这项技术移转到肯尼亚的 KARI，进行四种基因移转的抗病番薯之现场试验。1994 年以来，万布谷是非洲中心的主任，这是非营利的国际农业生物技术获取服务处（International Service for the Acquisition of Agribiotech Applications, ISAAA）在世界上的六个中心之一。万布谷作为非洲中心的主任管理技转所需的基础设施，诸如生物转型实验室、生物安全规范系统，以及对训练计划和现场试验的指导，也处理与知识产权和专利有关的问题。

第六位是联邦德国绿党的共同创建人凯利（Petra Kelly, 1947—1992）。1992 年秋，凯利的突然逝世让她的同事惊愕，也震惊世界。凯利出生在巴伐利亚的金茨堡（Günzburg），在她和家人迁居美国后，就读于华盛顿特区的美国大学，主修世界政治和国际关系，有两位教授鼓励她成为反权威的批判思想家。在 1960—1970 年间，她住在美国，通过参加公民权和反战运动，学得非暴力的反抗。从美国大学毕业后，凯利回到欧洲，从阿姆斯特丹大学获得政治学和欧洲整合硕士学位。然后，她在欧洲经济共同体（European Economic Community）找到工作，担任管理员。在大约十年中，她进行关于社会、环境、卫生和教育问题的开创性工作。作为义工，她组织地方的公民反抗核电厂和机场扩建。她在领导静坐抗议军事设施时，好几次被警察逮捕。在反核的维利·勃兰特（Willy Brandt）担任联邦德国社会民主党的主席时，凯利加入该党。1974 年，鼓吹核能的赫尔穆特·施密特（Helmut Schmidt）成为主席

后，凯利退党。然后，她说服一些朋友共同努力组织一个新政党，1979年，联邦德国绿党成立。大约同时，北大西洋公约组织宣布在欧洲部署巡航和潘兴二号（Pershing II）导弹，这个计划增加了核战争的威胁。收到这警讯，绿党组织了公民抗议活动。1980年，德国绿党与东欧异议人士曾讨论他们共同的梦想，以生态的、非暴力的和渐进的方式把共产主义转型为一个模范社会。为此，绿党反对德国太快地统一。1981年10月10日，凯利以绿党主席的身份在波恩向25万名和平游行者演讲，成为全球的头条新闻。1982年，绿党在国会赢得27席（总数是498席）。凯利被选为绿党在国会的三位发言人之一。不幸的是，绿党梦想的模范生态社会在民主德国失败。当铁幕消失后，西方的银行家、商人和政客在德国激增，强迫民众接受他们所谓的理想资本主义社会秩序的蓝图。凯利认为，转移到市场导向的经济几乎没有考虑到环境。1990年，绿党在国会的下议院没有赢得足够的席次。担心绿党可能难以生存，凯利希望其他人可以从这错误中学习。她相信绿色政治要从草根做起。由于绿党的努力，德国成为世界上最有环境意识的工业国家。凯利在她生命的最后几星期完成最后一本书《思维绿色》（*Thinking Green*）的出版准备工作。

第七位是自愿简单的楷模伍尔芙（Hazel Wolf, 1898—2000）。伍尔芙在1920年代初来到加拿大。她年轻时在加拿大没有完成正式教育；到美国之后，曾在西雅图拿到高中毕业证书。她也曾获得奖学金进入一家学院，但很快决

定退学自修。有一天，她到基督教女青年会协会（YWCA）的一个游泳池，那天只有几位非洲裔美国人使用。管理员提醒她说，当天是游泳池的黑人节。她在下水前，请求那些黑人女性同意。作为一位改革者、女性主义者、组织者和活动者，伍尔芙是一位后起的环境主义者。她在 60 岁前的活动聚焦于世界和平运动及社会、种族和政治改革。1930 年代，伍尔芙是一个失业的单身母亲，她曾加入美国共产党。1955 年，她退出共产党之后 13 年，美国移民局拘捕她，指控她企图以暴力推翻政府，入狱半天后朋友将她救了出来。但往后十年，她一再受到移民局驱逐出境的威胁。她用了 15 年才在 1970 年取得美国公民资格。1985 年，伍尔芙接受尼加拉瓜生物学家和生态学家协会的邀请，以美国访团成员的身份到尼加拉瓜访问。在她演讲后，有好几个人私下告诉她，他们很高兴听到这些从不知道的信息。1989 年，伍尔芙代表美国奥杜邦协会到尼加拉瓜出席另一次会议"地球的命运与希望"（The Fate and Hope of the Earth）。这次会议吸引来自世界上 70 个国家的 1700 人参加。伍尔芙和会议主席丹尼尔·奥蒂嘉（Daniel Ortega）都在最后的全体会议上演讲。在演讲结束时，伍尔芙用西班牙语说："人们的团结永不会被打败。"获得全场起立鼓掌。1994 年，她再度访问尼加拉瓜，协助建立一个示范的卫生咨询小组。作为《西部户外》（Outdoors West）的主编，伍尔芙敦促读者对当前的问题采取行动。1996 年，她策划西方户外俱乐部联合会（Federation of Western Outdoor Clubs）

的六十五周年庆。1996 年全国野鸟协会在华盛顿特区开会，她参加在国会山的示威运动，游说国会议员支持环境法。在她 98 岁生日那天，华盛顿州长招待一群环境领袖和其他政要出席宴会庆祝，宣布她的生日（3 月 10 日）为"伍尔芙日"。此外，1997 年 6 月，西雅图大学在毕业典礼上颁给伍尔芙荣誉博士学位。

第十章讲述像河川一样思考的故事，包括三例。第一例是保卫大沼泽地（Everglade）的道格拉斯（Marjory Stoneman Douglas, 1890—1998）。道格拉斯在 1915 年来到迈阿密后，成为《迈阿密先驱报》（*Miami Herald*）的一位记者，在第一次世界大战期间，她到法国的红十字会工作。战后她在《迈阿密先驱报》开设自己的专栏。三年后她离开压力很大的新闻工作，成为自由作家。1927 年，为了保护大沼泽地成立了一个公民委员会，包括道格拉斯在内，成员们致力于把大沼泽地变成国家公园的一部分。1941 年，莱因哈特出版公司的一位编辑来请她为迈阿密河写一本书。她说这条河只有"一英寸"，难以写成一本书。但这条河可能连接到大沼泽地。编辑建议她进一步调查。大沼泽地生态系统原是一片 110 英里宽的浅沼泽地，是一个复杂的自然净水系统。它把难以觉察的从山坡渗入的雨水从奥基乔比湖（Okeechobee）搬运到坦帕湾（Tampa Bay）和墨西哥湾（Gulf of Mexico）。大沼泽地是 55 种濒危的原生物种的家，也是上百万候鸟过冬的地方。锯齿草（saw grass）是大沼泽地最有名的自然特色，它启发道格拉斯写

出她的书《河畔沼泽草地》 (*The Everglade: River of Grass*)。道格拉斯花了五年进行研究和写作。这本书包括佛罗里达的人类史，并讨论该州的地理、气候模式、地质学、考古学和人类学。1947年莱因哈特出版公司出版此书，在圣诞节前第一版75 000册全部卖出。同年，大沼泽地国家公园也得到命名。1960年代，当生态学家开始了解湿地的作用时，一般都以为湿地是蚊虫和蛇出没的地方，没有什么用处，除非把它们排干。当时，大沼泽地已接近死亡。到了1980年代，涉水鸟类已减少90％。从甘蔗田和畜牧场流出的化学物质和肥料已污染了生态系统。净水的供应减少到像一个无人之地。海水已渐渗入井水。但在1985年，大沼泽地联盟 (Everglades Coalition)，包含25个非营利的环境团体，开始和州与联邦政府机构以及工程师团体合作，展开复原的计划。这项计划将需要10—15年并花费3亿—5亿美元。大沼泽复原计划得到世界级活动的欢呼。道格拉斯获得的奖项包括1993年由克林顿 (Bill Clinton) 总统颁给的总统自由勋章 (Presidential Medal of Freedom)。在她95岁生日时，佛罗里达州政府把位于塔拉哈西 (Tallahassee) 新的自然资源部以她的名字命名。

第二位是拯救荒野河川的卡尔 (Marjorie Carr, 1915—1997)。1960年代，暂停美国陆军工程兵团一项计划的方案正在酝酿。这项计划涉及印第安人所谓的 "Ockli-Waha" (大河)。这条奥克拉瓦哈河从北沿着奥卡拉国家森林流过60英里后，在杰克逊维尔 (Jacksonville) 南边与圣约翰河

汇合，是圣约翰河最大的支流。除了生态价值外，它提供露营者、登山者、划独木舟者休闲之用。1962 年，卡尔从佛罗里达州立大学获得生物学和动物学学位之后，就开始调查计划中的运河将造成的生态后果。她收集了几箱奥克拉瓦哈河的文献和地图。三年后，她开始游说取消营建运河的计划以拯救这条河。一开始，她只在地方上的阿拉楚瓦环境保护社团（Alachua Audubon Society）活动，她写了上百封信给州议员、美国国会议员，甚至是总统夫人"小瓢虫"约翰逊（Lady Bird Johnson）。作为有技巧的解决问题者，卡尔召集一群自然科学家、律师和经济学家一起进行环境和成本效益研究。1965 年，这一个小团体发函给佛州的保育人士，警告他们计划中的运河将使奥克拉瓦哈河消失 45 英里，淹没 27 350 英亩的河岸森林，并破坏该地区少数仅存的重要植物和动物生存的荒野。此外，它将带来地面水和地下水源被污染的威胁。尽管如此，陆军工程兵团继续进行计划。1968 年，他们在奥克拉瓦哈河上建造水坝，阻断 16 英里的水流，碎裂野生生物的栖地，并把 9000 英亩的丰富森林变成低浅、糊状、长满杂草的水库。1969 年，卡尔动员科学家、律师及其他专家，决定公开被掩盖的负面环境影响之事实。他们组成一个新的公民团体"佛罗里达环境守护者"（Florida Defenders of the Environment, FDE），以"获取真相"（Gets the Facts）作为口号。在一些专家陪同下，卡尔以 FDE 已公开的事实来教导国会议员、州代表和机构主管。她也为草根活动者启动创新的研讨会，

教他们协商的技巧。1970 年，FDE 的科学和经济研究结果
在媒体上报道。但直到 1990 年 11 月，布什总统才签下同
意国会在 1986 年就通过的取消建造的决定。1992 年末，联
邦政府把土地还给佛州。为了抓住这个机会来创建一个世
界级的生态观光地，同时保护环境，卡尔与 FDE 合作，花
费好几个月时间与州政府机构制定出一套管理计划。目前，
穿越佛罗里达的绿道是各处休闲步道系统的典范。在几十
年的排水、清淤、填满、清除和铺平之后，奥克拉瓦哈河
在 20 世纪最后十年的复原被证明是成功的。在几年内，从
停止水坝和水库的运作中节省的钱足以支付复原所需。所
以长期来看，奥克拉瓦哈河将不费成本地维持它自己。除
了保护奥克拉瓦哈河之外，卡尔也致力于影响佛州的其他
问题，包括大沼泽地和基西米河（Kissimmee River）的复
原、保护萨旺尼（Suwannee）河谷的生态系统，以及保护
濒危的佛罗里达豹与海龟的栖息地。

　　第三位是保护法国罗亚河（Lorie）的琴恩（Christine
Jean, 1957—　）。罗亚河流域被法国人称为国家花园，是酒、
乳制品、蔬菜、水果和肉类的产地，也是度假的天堂。罗亚
河发源于法国中南部的塞文山脉（Cevennes Mountains），向
西北流到奥尔良（Orleans），然后向西南经过南特
（Nantes，琴恩的家乡），在那里流入大西洋。这条河拥有
法国大约五分之一的河水。候鸟在泛滥平原上筑巢，而且
有许多物种整年在此生活。1980 年，一个政客组成的团
体，由涂尔斯（Tours）市长带头，策划以建造四座水坝和

堤防来"改善罗亚河"。作为一个生态学者,琴恩审查这项由市长提出的计划。她感到贪婪的营建公司寻求从发展的机会中获利。一些小型的地区和地方环境团体和琴恩分享拯救罗亚河的承诺。1986 年,她开始为 WWF 把这些小团体结合成全国联盟,称为"罗亚河谷"(Loire Vivante)。她说,这是第一次有这么多的组织同意一个问题。1988 年,勒皮(Le Puy)地区的环境主义者组织一个联盟"拯救罗亚河谷"(S. O. S. Loire Vivante),来反对在上游筑坝。这个联盟的非政府组织网络收集了 13 000 人签名联署反水坝的请愿书呈交密特朗(Mitterand)总统。1989 年 2 月,一小群活动者建立一个顺时针方向安排的露营区,准备在必要时躺在路上阻止推土机。在周末,有上千位支持者来到勒皮加入抗议,引起了媒体的广泛报道并把焦点放在引起国际注意的法国环境问题上。同时,琴恩在全国演说。几个月后,她与她的网络在勒皮组织了一个反水坝集会,有来自欧洲各地的一万人参加。与反水坝活动同步,琴恩和"拯救罗亚河谷"为河川管理尤其是防洪,提供了另一种建议。他们把焦点放在河川的复原、保护生物多样性以及重建几乎灭绝的大西洋鲑鱼群上。1991 年,在与水坝企业组合的诉讼中,"拯救罗亚河谷"赢得胜利。这使琴恩和"拯救罗亚河谷"在次年获颁戈德曼环境奖。在取消瑟尔德拉法(Serre de la Fare)计划后,法国政府启动一项为期十年的罗亚河真人大小计划(Plan Loire Grandeur Nature),把"拯救罗亚河谷"对河川管理的建议包含在内。在 WWF、

欧洲河流网（European Rivers Network）及国际河流网（International Rivers Network）的伙伴关系下，"拯救罗亚河谷"联盟继续在法国培养公民的文化保护意识并监督河川保护。

第十一章讨论妇女与野生动植物，包含五位妇女的故事。第一位是贺萌薇（Harriet Hemenway, 1858—1960）。1896 年冬天，贺萌薇读到关于佛罗里达州的苍鹭和白嘴鸦被羽毛猎人袭击的惨状。贺萌薇和她的表妹明娜（Minna）在贺萌薇的家召集一次会议，请著名的鸟类学者和社会领导人讨论猎捕长羽鸟类的问题。在会议上，这群人投票赞成创建麻省环境保护社团（Massachusetts Audubon Society, MAS），其目的在于劝阻人们购买和穿戴有羽毛装饰的帽子，以保护野生鸟类。有了这个组织，贺萌薇开始她的下一步策略，举办一连串的茶会。在那年底，这个新社团已有 900 位成员。同时，贺萌薇与 MAS 游说女帽制造商设计没有羽毛装饰的帽子，并游说禁止杀鸟的立法。MAS 成立后两年，其他 15 州的妇女也成立鸟类社团。1905 年，这些团体之中，有一些联合组成全国鸟类社团协会。在各种团体的压力下，各州开始严格地执行保护法规。但直到 1913年，美国国会才通过全国性的立法来保护候鸟。1946 年，贺萌薇与她表妹明娜再一次于贺萌薇的客厅召集聚会，庆祝美国保护鸟类五十年。赏鸟现在成为最受欢迎的非打猎户外活动。1996 年 2 月，MAS 在波士顿的州会议厅举行百周年庆，该社团已有 55 000 名会员、1000 万美元的经费和

其他慷慨的捐赠。

第二位是守护阿拉斯加荒野的穆瑞（Margaret Murie, 1902—2003）。美国最后的荒野在阿拉斯加。在过去五十年，是否保持它们的完整以留给后代成为痛苦的争论。1970 年代末期，当阿拉斯加荒野争议达到高峰时，阿拉斯加联盟成长到包含 55 个非政府组织、六个劳工工会。大约二十年后，在 1995 年 8 月 18 日，克林顿总统在穆瑞 93 岁生日时打电话给她，承诺他会否决任何在北极国家野生动物保护区（Arctic National Wildlife Refuge, ANWR）的矿业发展。克林顿是第三位承认穆瑞保护阿拉斯加荒野努力的美国行政首长。1924 年，穆瑞嫁给阿劳·穆瑞（Olaus Murie），一位著名的荒野生物学家和艺术家，两人一起到阿拉斯加的北极圈内度蜜月。这标志着他们四十年在荒野一起冒险和工作的开始。1956 年，一位电影制作人和一小群科学家与穆瑞夫妇一起到辛尼杰克河谷（Sheenjek River Valley）进行十星期的夏季探险。拍成的电影《来自布鲁克斯山脉的信》（*Letter from Brooks Range*），抓住了荒野地景的奇观，并成为有效的宣传工具。有了穆瑞夫妇拍摄的照片、收集的资料以及他们的著作协助奠定基础，1960 年由美国内政部长弗雷德里克·西顿（Fred Seaton）以行政命令建立 19 亿英亩的北极野生动物范围（Arctic Wildlife Range）。这个地区从波弗特海（Beaufort Sea）向南延展 200 英里到波丘派恩河（Porcupine River），以最高的山峰、最广阔的冰川和最少被干扰的地势为特色。1963 年，穆瑞的

丈夫逝世后，穆瑞自己才成为一位环境活动者。她开始写作，向保育团体演讲，与所到之处的每个人谈话，分析评估环境影响的文件，在国会听证会上作证，并为保育的理由做宣传。1964 年穆瑞的工作得到一些成果，当国会通过《荒野法》、在玫瑰花园签字时，约翰逊（Lyndon Johnson）总统邀请她参加。1970 年代末，保护阿拉斯加土地的立法争议达到沸点，穆瑞动员了阿拉斯加联盟的广大草根活动者网络，并在非政府组织之中带出前所未有的合作与分享。当国会的委员会到全国主要城市听证时，数百位环境活动者挤进会议室。1977 年 6 月初，在丹佛的场次，穆瑞第一个发言。她的证词激起听众自动起立鼓掌。1980 年 7 月 21 日，卡特总统在白宫为阿拉斯加联盟的最后游说开场。穆瑞在东厅（East Room）的讲台鼓励这个团体做最后一分钟的努力。当《阿拉斯加国家利益保护法案》（*Alaska National Interest Lands Conservation Act*）终于在国会通过，卡特总统在签字典礼上和穆瑞握手，感谢她使事情成为可能。这项里程碑式的立法是美国史上最大的土地保护法案，把百万英亩以上的土地当作公园和野生生物避难所。为继续把她的经历告诉世界，一个怀俄明州的电影制作人拍了一个传记性的纪录片《玛迪·穆瑞的故事》（*The Mardy Murie Story*），以供电视传播。

第三位是为保护北极驯鹿奋斗的詹姆士（Sarah James, 1944—　）。在阿拉斯加以外，很少有人听说过库钦（Gwich'in）的印第安人。詹姆士开始她的漫长旅途，说她

族人的故事，代表她族中的长老去向大众普及，并赢得同盟。结果，来自全球各地 258 个原住民部落的财务捐献在北美创下纪录。对他们来说，以波丘派恩河命名的波丘派恩驯鹿是神圣的。他们相信他们的族人有责任照顾驯鹿并管理它们的栖地。17 个库钦人的村庄策略性坐落在驯鹿迁徙的 700 英里路上，包含大约 70 000 人。库钦人在每年春季和秋季等候驯鹿经过他们的村庄附近，为了庆典，他们只猎取所需的最少数量以维生。库钦人相信，开采石油会通过污染沿岸平原和伤害驯鹿而破坏他们的文化。部落领导人在 1988 年一次历史性的集会中，组织了库钦指导委员会（Gwich'in Steering Committee）。他们也采取方案来保护沿岸平原的发展。委员会的决议呼吁官方指定沿岸平原是荒野，这将包含 1900 万英亩供 150 万野生动物避难的土地。除了保留给驯鹿的地区外，ANWR 也提供栖息地给一群大型哺乳动物，其中有北极熊、灰熊、棕熊、狼、戴氏盘羊、麝香牛和麋。这里也是许多鸟类和海生哺乳类的夏季之家。美国鱼类和野生生物管理局（U. S. Fish and Wildlife Service）最近的分析指出，ANWR 是全国唯一包括了完整的北极生态系统的地区，发挥维持野生物种平衡的作用。生态学家认为它是一个具有世界意义的原始生态系统。世界各地的环境主义者同意库钦人的看法，ANWR 的海岸平原值得被指定为永不开发的荒野。

第四位是保卫海洋的鄂乐（Sylvia Earle, 1936—　）。鄂乐从杜克大学（Duke University）获得高等学位，是一位

海洋植物学家和生物学家。她相信滥用海洋及其野生生物是由于漠不关心和无知。她认为这种无知是至今对海洋最大的威胁，这种无知视海洋广大而有弹性，不需要担心我们倒入什么或取出什么。1970 年，美国航空航天局（National Aeronautics and Space Administration, NASA）任命她领导一群女性科学家在加勒比海群岛水下工作两星期。1977 年在夏威夷群岛进行研究探险时，鄂乐第一次遇见鲸鱼。这次探险观察座头鲸的行为长达三个月，第一次拍摄到座头鲸奇异的动作。海洋和海岸的水域为动物和植物提供了地球上 99％的住所，包含地球上 97％的水，覆盖 70％的地球表面。海洋影响气候，产生我们呼吸所需的氧气，并储存我们最广大的自然食物资源。然而，对大多数人来说，因为海洋深处在视线之外，于是海洋成为倾倒核废料、工业和城市废弃物、硬垃圾、有毒农业化学品及漏油的场所。此外，过度捕捞已造成许多商业性渔场近乎崩溃。现代商业渔业技术无差别的大屠杀尤其激怒鄂乐。在她的书《海变》（Sea Change）中，鄂乐指出对现代渔业模式还没有制定任何法律来加以改变。1979 年，她用了两个半小时在夏威夷 Oahu 岛外 1250 英尺深的海床搜集资料。1981 年，她和一位英国同事创办深海工程（Deep Ocean Engineering），设计和制造水下潜水车。1990 年代初，总统任命鄂乐担任国家海洋和大气管理局（National Oceanic and Atmospheric Administration, NOAA）的首席科学家达 18 个月，她是第一位担任此职的女性。1997 年春，UNEP 在其

二十五周年庆典时举办一项"环境之眼——二十五位女性领导者"的展览，鄂乐是其中之一。在过去四分之一世纪，她不但探索海洋，而且致力于教育大众和决策者。透过 80 多篇期刊论文和三本书，在 60 多个国家演讲、出席会议和定期上电视节目，她致力于改变大众的态度。

第五位是大草原的保护者奥德薇（Katharine Ordway，1899—1979）。由于她坚持匿名，直到她逝世时，很少人知道奥德薇给野生动植物的礼物——广大且未被破坏的栖地。在明尼苏达州长大的奥德薇喜欢看大草原的草浪和其中的动植物。大草原的逐渐消失，让奥德薇决定做些事，虽然那是在她 80 年生命的最后 30 年。她得到父亲留给她的一大笔遗产，才有能力去做。她曾获得明尼苏达大学的植物学和艺术学学位。50 多岁时，她在哥伦比亚大学获得生物学和土地计划学学位。1959 年，奥德薇成立个人基金会。为了保护隐私，她避免使用自己的名字，而称为古德希尔（Goodhill）基金会。基金会支出款项用来保护空地并维护荒野。她的挚友和顾问理查德·波格（Richard Pough），为她牵线与大自然保护协会（The Nature Conservancy, TNC）建立关系。TNC 是全美唯一致力于保护未被扰乱的自然土地之组织。在所有未受到保护的土地中，大草原被 TNC 列为最优先。TNC 还提供一份大草原的名单供奥德薇参考。她先挑选了明尼苏达州几处高草的大草原来保护。不久之后，奥德薇又发现其他州也有需要保护的草原，她先保护内布拉斯加、南达科他、堪萨斯与密苏里的小规模草原，

但仍不满意，她想保护广大的高草大草原。1970 年代，这类保护在堪萨斯州的燧石山（Flint Hills）终于实现。这个大草原现在由堪萨斯州立大学管理，作为户外劳动和长期生态研究之地。1979 年她逝世时，奥德薇草原保育体系（Ordway Prairie Preserve System）包括了在中西部五州的 31 000 英亩的大草原——是全世界最大的这类庇护系统。后来，电信网电压（Telecommunication Network Voltage, TNV）在燧石山南麓也建立一个 40 000 英亩的高草大草原保护区。一度濒临消失的野牛和许多其他野生物种在此繁盛。在她逝世后，古德希尔基金会捐出 1100 万美元来拯救在内布拉斯加州北部沿奈厄布拉勒河（Niobrara River）分布的森林和大草原。联合国教科文组织把奥德薇的孔扎草原（Konza Prairie）和大西洋障壁岛（barrier-island）庇护所指定为国际生物圈保护区。

第十二章讨论妇女与国际论坛，以创建全球轮辖（Global Linchpin）的艾布札格（Bella Abzug, 1920—1998）为例。艾布札格在纽约市的布朗克斯区长大。1947 年她从哥伦比亚大学法学院毕业后，在纽约从事法律事业。1972 年她竞选国会议员，以女权与和平为政见，成为第一位高票当选的女性。在她担任美国参议员的六年间，协助成立全国妇女政治核心小组（National Women's Political Caucus），起草标志性的《信息自由法》（*Freedom of Information Act*），并支持发展替代核能的再生能源。1975 年，在墨西哥市举行的联合国"妇女十年"（Decade for

Women）会议上，她担任美国代表团的顾问。1985 年，艾布札格成立妇女外交政策委员会（Women's Foreign Policy Council），其目标在于让妇女可以在决策中更被看得见。这类努力以及在 1990 年代参与妇女环境与发展组织都有助于提高妇女在外交政策中的参与度。1997 年，克林顿总统任命她担任第一位女性国务卿，成为妇女参与外交事务的里程碑。对艾布札格来说，健康的全球环境，除了包含高质量的空气、水、野生生物栖地、森林和土壤之外，也包括经济权、人权、和平、正义、人类健康和分享决策权。男性主导的决策已造成她所谓的全球神经崩溃。她相信，需要在决策过程中带进妇女集体的智慧、知识和经验。1995 年 9 月，联合国妇女会议在北京召开，UNDP 赞誉艾布札格在妇女运动中的先驱作用。1990 年代，艾布札格建立全球的 WEDO 以增强妇女的能力。这个组织提供给北方和南方国家的妇女非政府组织一个支撑的结构。艾布札格与来自十个国家（巴西、肯尼亚、哥斯达黎加、印度、圭亚那、挪威、埃及、尼日利亚、新西兰和美国）的妇女领袖分享领导人的角色。1991 年，艾布札格得知，预计在 1992 年里约峰会提出的行动方案中没有涉及妇女的角色与地球环境危机的重要关联，她很震惊。1991 年 11 月，她与 WEDO 网络的同事召集了一个独立的妇女会议，以起草一份反映妇女观点的行动建议。这个为地球的健康而召集的妇女会议汇集了来自 83 国的 1500 位妇女到迈阿密开会，她们制定的文件称为《21 世纪妇女行动议程》（*Women's Action*

Agenda 21），反映了北方和南方的共识。这一文件不但影响了里约地球峰会的行动计划，而且影响了随后的联合国会议议程。WEDO 为非政府组织运用的这些经验和方法被集结成手册《妇女有所作为》（*Women Making a Difference*）出版。

在这本讲述妇女环保先驱的书的结语中，布勒东说，拯救地球需要在人类的心灵、智能和精神方面做深刻的转变。幸而，这种转变已开始。也许，毫不令人意外的是妇女正在带头前进。①

综合以上所举的研究论述，我们可以说，文化与环境是研究环境史的重要课题。除了进一步深化理论的内涵外，今后的研究也需要多多进行各地的实证研究，以充实环境史的成果。

---

① Mary Joy Breton, *Women Pioneers for the Environment* (Boston: Northeastern University Press, 1998), 322 pages.

第七章　环境与疾病

一、 环境因素导致的疾病

1983 年，南京医学院方企圣综合一些西方的研究，指出不少科学家惊呼现代人类从胚胎到死亡，始终处于环境化学物等有害因素的包围之中，环境对人类健康的影响已经改变。1950 年代以前疾病的病谱多为生物性和营养性。随着医学的发展、公共卫生的改进，生物性和营养性病因的危害已大大减少，到 20 世纪后半叶，环境污染引起的危害已愈来愈突出。可以说人体的 11 个系统几乎都发生了环境病。这些环境病常具有以下特点。（1）多因素联合作用：环境中存在的各种因素常常协同作用，例如，光活性剂（Methoxyposoralen, MOP）与长波紫外线（365 nm, nanometer）联合作用可引发皮肤癌，但两者单独作用则不引起皮肤癌。（2）低浓度长期效应：环境中存在的有害物质浓度往往是以 ppm（parts per million, 10^{-6}）或 ppb（parts

per billion，10^{-9}）甚至 ppt（parts per trillion，10^{-12}）表示，因此它们的危害常常要经过极长的潜伏期。（3）危害常波及下一代：精子的产生、排卵及受精、胚胎与胎儿的发育常易受到环境污染的影响，而且是相当敏感的一个指标。不少污染物，如汞（Hg）、镉（Cd）的含量在胎儿体内可高于母体，在母体尚未出现症状时，胎儿可出现典型症状。（4）常呈现综合症状：有机体对大多数环境污染的反应，常很难找到特异症状。有许多环境污染的危害常常并不以疾病形式表现出来，而是表现为疾病前期效应，这种效应常属非特异性。（5）高危险人群是环境病最先的受害者：高危险人群不同于对传染病敏感的人群，高危险人群是个体由于一种或几种生物因素，包括生长发育、遗传因素、营养、疾病状况、行为及生活方式等的影响，在受到有毒或致癌因素作用后，其毒性反应明显地早于一般人群。基于环境病的这些特点，当代医学教育已由"生物医学"模式向"生物-心理-社会医学"模式转变，医师不但要熟悉疾病本身的知识，而且要掌握疾病发生、发展时周围的自然环境及社会环境的变化。[1]

1984 年，广州医学院杜应秀指出，环境污染及其危害的特点可归纳为八个方面。（1）环境污染物的种类及数量迅速增加，据报告，已登记编号的化学品达 50 万种，并且有近万种已进入人类环境，每年新合成的化学物也在 6000

---

[1] 方企圣，《当代某些环境病问题》，《国外医学（卫生学分册）》1983 年第 4 期，页 229—233。

种以上。环境的物理性污染，如电离辐射、微波、噪声等，也日益明显。随着新技术的发展，肯定还会出现新的物理性污染。（2）污染物的协同作用日益复杂，除了数种化学物同时存在的协同作用外，还有化学因素和物理因素的协同作用（如光化学烟雾），以及物理因素与化学因素互为因果的问题。例如，紫外线导致臭氧增加；制冷的氟利昂破坏平流层中的臭氧层，导致到达地球表面的紫外线增多。（3）污染物浓度较高时，固然可造成因果关系较明确的"公害病"，但更多的情况是低浓度长期作用和慢性积累作用的影响。短时间内难以判明因果关系和危害程度，容易造成误诊或漏诊。（4）除了因与污染源邻近而受害外，还可因污染范围广泛或者因污染物可在生物中富集和多级转移，通过食物链而造成远距离人群患病。（5）由于新的污染物不断出现，因而促成新病种不断增加。（6）由于化学物质的使用，通常都经过毒性实验，结果剧毒物质的使用日渐减少，但另一方面却因此而暴露出"低毒物质"远期效应问题，即致突、致畸和致癌问题。（7）复杂的环境化学性污染的各种因素，除了来源于各种工业"三废"（废水、废气、固体废弃物）外，人类衣、食、住、行等生活各个方面，接触有害物质的机会不断增多，加上不良的生活习惯（吸烟）和药物的不恰当使用与滥用，使人类遭受化学性危害的可能性大为增加。（8）除了人为因素造成环境污染外，自然界原已存在的高本底地区，如高氟、高硒、

高放射性本底地区，也是造成环境病的重要因素。①

　　布劳尔（Jennifer Brower）与裘克（Peter Chalk）在
2003 年出版的书探讨了新兴和再起的传染病对全球的威
胁。他们指出，目前全球社会面临许多威胁，包括疾病的
传播、毒品贸易、环境恶化、恐怖主义，这些威胁都跨越
国家界限，但一般而言，不能够直接与负面政策和国家政
策相关联。他们进一步指出，跨国界的传染病的传播威胁
着人类的安全。特别是以下列六种方式发生：（1）疾病致
人死亡；（2）如果不加以抑制，疾病可以破坏公众对政府
管理能力的信心；（3）疾病反向影响人类和国家安全所依
赖的经济功能；（4）疾病对国家的社会秩序、功能和精神
会有深刻而负面的影响；（5）传染病的传播可以成为地区
不稳定的催化剂；（6）疾病可以透过生物战争（bio-
warfare，BW）或生物恐怖主义（bio-terrorism，BT）成为一
个具有高度意义的策略性层面。在过去十年，对于生物战
争和生物恐怖主义的国际注意已经增加，尤其是在美国。②

　　2007 年，南开大学李晨东指出，所谓生态环境病，就
是由于人类活动，使地球上的化学元素，尤其是有毒物质
暴露、转移、富集到人体而导致的各类疾病，其中以镉、
汞、铅（Pb）等物质造成的重金属污染最为典型。20 世纪

①　杜应秀，《环境污染与健康》，《职业医学》第 11 卷第 1 期（1984），页 40—
　　42。
②　Jennifer Brower and Peter Chalk, *The Global Threat of New and Reemerging
　　Infectious Diseases: Reconciling U. S. National Security and Public Health
　　Policy* (Rand Science and Technology, 2003), pp. 1 - 12.

中叶发生在日本的汞污染导致的"水俣病"和镉污染导致的"痛痛病",以及泰国西南部砷(As)污染造成的"黑脚病",都是著名的生态环境病事件。生态环境病一般有三个特点,也就是生态环境的三个效应:延缓效应、积存效应和爆炸效应。在重金属污染物中,镉、汞、铅、砷是最具毒性的物质,它们不仅会造成严重的生态环境病,而且即使没有达到临界点,也会造成人体组织器官的其他病变,从而引发其他疾病。在癌症、心脑血管疾病、糖尿病等高危险病种的发病因素中,环境污染(含重金属污染)所导致的比例极高。[1]

关于铅污染对健康的影响,2009 年,南开大学施婕与刘茂的研究指出,美国国家环境保护局(Environmental Protection Agency, EPA)在 2002 年整合多年研究成果开发了根据环境中铅含量计算城镇儿童血铅水平的软件(IEUBKwin)。同年,世界卫生组织(World Health Organization, WHO)提出了环境疾病负担(Environmental Burden of Disease, EBD)的概念,用来评价环境暴露带来的健康影响。他们的研究也指出,近年来中国许多地区开展了有关儿童血铅的流行病学调查。结果表明,总体上,中国有 33.8% 的儿童血铅水平超过 10 μg/dl(微克/分升)的阈值。在涵盖 9 个省 19 个城市 6502 名儿童的调查中,则有 29.91% 的城市儿童的血铅含量超过 10 μg/dl。他们的研

---

[1] 李晨东,《生态环境病与饮食安全》,《食品与健康》2007 年第 2 期,页 20—21。

究则分析某重工业城市儿童铅污染的情形，结果显示，该市有 40% 儿童的血铅水平高于 10 μg/dl。[①]

在此，可以一提台湾发生乌脚病（即"黑脚病"）的情形。1930 年以前，台湾甚少发生乌脚病，但在 1956—1960 年间发病人数达到高峰。早期主要分布在北港溪以南到台南沿海一带，包括东石、布袋、义竹、北门、学甲、将军和七股等乡镇。随着深井的不断开发，高含砷量井水的使用范围日渐扩大，居民罹患乌脚病的地区向北扩至云林县的西部，向南扩散到二仁溪，包括台南县的新市、永康和归仁等乡镇。乌脚病形成之病理原因主要来自慢性砷中毒，引发闭塞性血栓血管炎，严重者导致四肢坏疽，伴发肢体麻木与剧痛，必须施以截肢手术。根据世界卫生组织颁定之水质标准，饮水中含砷量不能超过每升 0.05 ppm；但经调查，台湾患乌脚病地区，饮水中含砷量高达每升 1.0—2.5 ppm。据台湾大学公共卫生研究所调查结果显示，在 1956—1960 年间饮水改用自来水地区，于 1962—1968 年间乌脚病人数明显减少；但在 1961—1967 年间改用自来水的地区，患病人数反而增加，其主因在于自来水的水源含砷量渐多，而食物亦可能受到当地水源污染。另外，近年的研究指出，乌脚病与水中荧光强度也有关系。1974—1978 年，台湾自来水公司积极推动新建、扩建和改善自来水供水工程，主要效果有三：每年乌脚病患病人数降低，初次患病者之年龄提高，以及未

① 施婕、刘茂，《环境铅污染所致儿童健康风险评估方法探讨》，《中国工业医学杂志》第 22 卷第 1 期（2009.2），页 31—34。

再发现新生儿之病例。[1]

至于传染病的情况，2014年，台湾的阳明大学李旨雅等人探讨疫苗介入后传染病发展之趋势，指出近二十年来，新出现在人类身上的传染病被称为"新兴传染病"，有快速增加的趋势，甚至有些已发展出抗药性，严重冲击到人类健康、社会安宁与经济稳定。例如近来的高致病性禽流感（highly pathogenic avian influenza，H5N1）、A型流感（influenza A virus subtype H7N9），或是过去大家闻风丧胆的严重急性呼吸综合征（severe acute respiratory syndrome，SARS），在卫生机关积极的管控策略下，疫情虽逐渐退温，然也因此提示传染病监测的重要性。以台湾来说，由于地处亚热带气候区，自然环境条件较适合各种热带传染病流行，而且由于疾病形态逐渐改变，新型疾病已不断发生，而本土型疫病亦蠢蠢欲动。

有关台湾地区的传染病监视记录，可追溯至日本殖民统治时期（1895—1945）之记载。1922年，台湾总督府将日本的《传染病预防法施行规则》在台湾付诸实施，其中规定天花（smallpox）、霍乱（cholera）、鼠疫（plague）、痢疾（dysentery）、伤寒（typhoid fever）及副伤寒（paratyphoid fever）、白喉（diphtheria）、斑疹伤寒（malignant typhus）、猩红热（scarlet fever）为法定传染病。台湾总督府又于1918和1936年，分别公告流行性脑脊髓膜炎（epidemic

① 刘翠溶、刘士永，《净水之供给与污水之排放——台湾聚落环境史研究之一》，《经济论文》第20卷第2期（1992年9月），页459—504。

cerebrospinal meningitis) 及 流 行 性 脑 炎 (encephalitis lethargica) 为法定传染病，均为强制性报告之疾病。1945 年台湾光复后，监视传染病之主要法令为 1944 年由国民政府制定发布之《传染病防治条例》，条文中明文规定霍乱、天花、白喉、杆菌痢疾 (shigellosis) 及阿米巴痢疾 (amoebiasis)、伤寒及副伤寒、流行性脑脊髓炎、鼠疫、猩红热、斑疹伤寒、回归热 (relapsing fever) 共十种为法定传染病。1983 年增列黄热病 (yellow fever) 及狂犬病 (rabies)；又因世界卫生组织于 1979 年宣布天花绝迹，遂将天花删除。另外，后天免疫缺乏症候群 (Acquired Immune Deficiency Syndrome, AIDS, 俗称艾滋病)[1] 于 1981 年由美国疾病管制中心宣布发现案例后，世界各地之案例报告逐年增多，台湾遂于 1985 年将之列为传染病，于 1986 年发现首例，旋即开始进行《后天免疫缺乏症候群防治条例》之立法工作，并于该年通过。在多年推行检疫及港区卫生管理、疫情监视及预防接种的情况下，这几年台湾已经有五种传染病绝迹：1948 年根除鼠疫，1955 年根除天花，1945 年根除疟疾，1973 年根除白喉及 2000 年根除小儿麻痹症 (poliomyelitis)。

　　近五十年来，台湾曾经历 1962 年霍乱全岛大流行，1982 年第 71 型肠病毒 (Enterovirus Type 71) 流行致使全台学童恐慌，2002 年发生近六十年最大一波登革出血热 (Dengue Hemorrhagic Fever) 流行，2003 年严重急性呼吸

---

[1] 现称"获得性免疫缺陷综合征"。——编者注

综合征（SARS）跨地跨国流行，2003—2004 年禽类的低致病性禽流感病毒（H5N2）在全岛流行，2008 年红眼症（pinkeye，即结膜炎，Conjunctivitis）全岛流行，2009 年新型流感病毒（Novel Influenza A，H1N1）的全球大流行，均对台湾的经济造成巨大损失。

在先进国家和地区之社会福利及防疫政策中，疫苗接种的推行都被列为重要的指标，亦是传染病防治最具效率之策略。台湾自 1948 年引进白喉类毒素起，其后续推行白喉、破伤风、百日咳混合苗（DTP），卡介苗（Bacillus Calmette-Guérin, BCG），口服小儿麻痹，日本脑炎（Japanese encephalitis），麻疹（Measles）、腮腺炎（Mumps）、德国麻疹（或称风疹，Rubella virus）混合疫苗（MMR），流感，水痘（Varicella）等多项疫苗接种措施，从而有效控制或消灭了侵袭台湾民众健康甚巨的传染病。为了了解传染病未来可能的发展方向，2012 年，疾病管制部门与美国匹兹堡大学签署合作备忘录，进行"台湾结核病防治模型建构计划""TYCHO 历史监测数据还原计划""FRED 肠病毒 71 型仿真计划"，从此开始积极进行台湾法定传染病的历史资料建置。长远来说，传染病不只是"环境病"，更是"社会病"，近二十年来，许多社会流行病学研究选择将教育程度、就业状况、婚姻状况、社会经济状况等"社会层面"因素列入研究的考虑。[1]

---

[1] 李旨雅、黄衍文、刘德明、邱淑芬、追尚志，《应用台湾防疫历史数据库探讨疫苗介入后传染病之发展趋势》，《医疗信息杂志》第 23 卷第 4 期（2014 年 12 月），页 9—20。

在中国大陆，根据《中华人民共和国传染病防治法》
（1989年2月21日通过，2004年8月28日修订），传染病
分为甲乙丙三类。甲类传染病是指：鼠疫、霍乱。乙类传
染病是指：传染性非典型肺炎、艾滋病、病毒性肝炎、脊
髓灰质炎、人感染高致病性禽流感、麻疹、流行性出血热、
狂犬病、流行性乙型脑炎、登革热、炭疽、细菌性和阿米
巴性痢疾、肺结核、伤寒和副伤寒、流行性脑脊髓膜炎、
百日咳、白喉、新生儿破伤风、猩红热、布鲁氏菌病、淋
病、梅毒、钩端螺旋体病、血吸虫病、疟疾。丙类传染病
是指：流行性感冒、流行性腮腺炎、风疹、急性出血性结
膜炎、麻风病、流行性和地方性斑疹伤寒、黑热病、包虫
病、丝虫病，除霍乱、细菌性和阿米巴性痢疾、伤寒和副
伤寒以外的感染性腹泻病。由这个名单可见，目前中国大
陆的传染病病种仍然不少。①

在此必须一提的是，关于中国历史上鼠疫流行的情形，
可参考费克光（Carney T. Fisher）的论文（1995）、曹树基
与李玉尚的专书（2006）及其相关的介绍和评论。② 关于结
核病（tuberculosis）在中国发生的历史可参考张宜霞和伊懋
可（Mark Elvin）的论文（1995）；结核病在民国时期的流

---

① 见 http://www.gov.cn/fwxx/bw/wsb/content _ 417553. htm，查询日期：
2016年4月6日。
② 费克光，《中国历史上的鼠疫》，收入刘翠溶、伊懋可（主编），《积渐所至：
中国环境史论文集》（台北："中央研究院"经济研究所，1955），页673—
746。曹树基、李玉尚，《鼠疫：战争与和平——中国的环境与社会变迁
（1230—1960年）》（济南：山东画报出版社，2006）；对该书的简介，参见
《长达三个世纪的鼠疫彻底改变中国文明进程》，http://cathay.ce.cn/
history/200908/28/t20090828 _ 19887734. s，查询日期：2016年4月6日。

行过程与防治措施，可参考雷祥麟的论文。[1] 另外，必须一提的是，中国的《艾滋病防治条例》经国务院通过，并自2006 年 3 月 1 日起施行。[2]

二、 水媒疾病

水媒疾病亦称为水致疾病，是环境病的一种。环境病在病因学上的复杂性，要求医学、地学、气象学、环境学和生态学等多学科联合研究。环境水文地球化学条件控制元素的生物有效态浓度或元素的水迁移性，进而控制着人体通过水和食物链对这些元素的摄入。在这个意义上，可以说环境病大多是"水致疾病"。

1998 年，中国地质科学院水文地质学者王东升指出，水以不同形态，参与地球各圈层组成、地球及其生命渐变和灾变全程性演化，水自身也随之演化，地球水演化是迄今尚未完成的古老课题。地下淡水是地球水圈中日益紧缺的罕见资源，是脆弱且敏感的地质环境要素，其演变与人类生存和健康息息相关。近百年来全球用水量增加了十倍，

---

[1] 张宜霞、伊懋可，《近代中国的环境和结核病》，收入刘翠溶、伊懋可（主编），《积渐所至：中国环境史论文集》，页 797—828。Sean Hsiang-lin Lei, "Habituating Individuality: The Framing of Tuberculosis and Its Material Solutions in Republican China," *Bulletin of the History of Medicine*, 84(2010), pp. 248 - 279.

[2] 见 http://www. gov. cn/fwxx/bw/wsb/content _ 417758. htm，查询日期：2016 年 4 月 6 日。

人类正面临全球性缺水，"国家水安全"已成为跨世纪新概念。据世界银行调查，在发展中国家面临的最紧迫的环境问题中，居首位的是"有害健康的饮用水"，水致疾病正威胁着数百万人的健康。液态淡水总量不足、分布不均和质量恶化，已经成为实施人口、社会、资源和环境可持续发展的限制因素。

尽管对地球水量的估计不尽相同，但众所周知的是，覆盖地球表面 3/4 面积的地表水是海水；地表淡水仅占地表水总量的 2％，其中约 70％为固态（冰川），地表液态淡水仅占地表水总量的 0.6％。在地下水中 98％是高矿化水、盐水和卤水，地下淡水仅占地下水总量的 2％，其中大部分埋藏较深。地表液态淡水和浅层地下淡水的总和，仅占地球水圈中水总量的 0.2％。一个共同的认识是：淡水是地球水圈中罕见的资源。人类生存离不开质与量均符合饮用要求的淡水。

目前全球有 15 亿人缺少饮用水，每年有数百万人死于与水有关的疾病。中国大陆淡水总量位居世界第六，但因人口众多，人均淡水量仅为世界人均淡水量的 1/4，中国是世界上 13 个缺水国之一。目前中国大陆有半数以上的城市缺水。在国务院公布的 592 个贫困县中，有 581 个县有一种以上地方病，其中多为水致疾病。过量开采地下水和其他重大工程对地下水演变的影响，近年来逐渐引起人们的注意。为趋利避害，尤其需要对重大工程影响下的地下水演变进行长期监测和跟踪研究。

水文地球化学研究发现，水致疾病的分布受水文地球化学分带控制，具有下列规律：（1）碘（I）类元素亏损型环境病：多发生于氧化型环境水文地球化学带，或地下水垂直入渗补给区，或流域上游；（2）氟（F）类元素过剩型环境病：多发生于还原型和弱还原型环境水文地球化学带，或地下水垂直排泄区（潜水溢出带、原生或次生土壤盐渍化带），或流域下游；（3）克山病（Keshan disease）地区多分布于有硫化氢（H_2S）的还原型环境水文地球化学带，或冷湿-温湿气候区地下水补给与径流的过渡带，或流域中上游林木茂盛区。

至于"改水"，指停止饮用致病水和改饮符合"生活饮用水卫生标准"的水，是防治水致疾病的有效手段。实践证明，查明环境水文地质和水文地球化学条件是成功改水防病的基础。中国大陆这方面的事例很多：（1）1992—1993年内蒙古地矿局在环境水文地质勘查基础上，在浅部潜水苦咸、深部地下水更咸——二者皆不适用的复杂条件下，在相变交错层中找到了适宜的饮用水，为河套平原砷中毒病区解决了1.2万人的饮水问题，为该区进一步防病改水找到了途径。（2）山西孝义大孝堡乡16个村原饮含碘量大于90 $\mu g/L$（微克/升）的潜水，成为高碘甲状腺肿（Goitre）病区。1979年有五个村改饮碘浓度适宜的深井水，至1982年转变为非病区。附近未改水的长黄村，仍饮用含碘1200 $\mu g/L$的潜水，中小学生甲状腺肿大率高达48.36％。（3）山西省吉县四十亩坪村原饮河水，为大

骨节病（Kaschin-Beck disease）、克山病和甲状腺肿重病区，1968 年改饮深井水，至 1984 年统计时未出现新病人。其他成功的事例，如 1988 年陕西省大骨节病区、新疆墨玉县慢性氟中毒病区的改水防病工作，不胜枚举。[①]

关于甲状腺肿大，在此可以一提在台湾史上发生的情形。清代台湾的客家文人吴子光（1819—1883）曾于 1860 年代在大肚山附近见到此病，他简短地记述说："居民颈瘿疾，如附赘悬疣，医药无一效者，此地气之异也。"日本殖民政府曾在 1921—1929 年间于当时全省 8 个行政区 32 个地点进行健康检查，也发现甲状腺肿是台湾的一种特殊风土病。此病从来被认为多见于山脚地区，但这些调查显示，不仅是在近山地区，在平原地区农村也有潜在性。在 27 494 位病者中，有 961 人（3.5％）患甲状腺肿大，其中又以女性为主。不过，值得注意的是，至 1931 年为止，统计上并未有因甲状腺疾病而死亡的记录。[②]

三、 虫媒疾病

关于虫媒病，台湾的医学者曾提出一些研究。2012

---

① 以上详见，王东升，《地下淡水演变与水致疾病》，《地球学报》第 19 卷第 4 期（1998.11），页 443—448。
② 详见刘翠溶、刘士永，《台湾历史上的疾病与死亡》，《台湾史研究》第 4 卷第 2 期（1999 年 6 月），页 89—132，全文可在 http://idv.sinica.tw/ectjliu/ 查询。

年，台湾大学蔡坤宪等人探讨气候变迁对虫媒传染病的影响。他们首先引述，2007 年 4 月，联合国政府间气候变迁委员会（Intergovernmental Panel on Climate Change, IPCC）根据全球 3 万多个物理现象和生物现象的变化指出：地球上的气候已经产生了非常剧烈的变化，包括地球的温度升高、降雨多于降雪、异常干旱、野火以及极端天气如飓风和海啸等频发。气候变化所产生的二氧化碳（CO_2）、一氧化氮（NO）和甲烷（CH_4）等温室气体，不仅明显影响地球的自然运行，更影响人类社会、经济和文化等活动。科学家预估到 2100 年后，全球平均气温将上升 1.0—3.5 摄氏度，举凡季节性、空间性和地域性的虫媒、水媒和食物媒介的传染病等都将愈为严重，届时人类的生命和存活空间将受到严重威胁。

全球气候变迁会影响自然生态的运作，导致虫媒传染病生态的改变，其影响层面包括节肢动物病媒、动物宿主和人类活动。更重要的是，这些环境因子影响病原体在病媒节肢动物体内的发育时序，以及影响动物贮主（reservoir）和人类宿主（host）对病原体的感受性，造成疾病传播走向流行季节变长、流行区域变广的趋势，最后在人群及其他动物中造成严重感染和死亡，登革热（dengue fever）和疟疾便是最具代表性的例子。虫媒传染病主要是透过吸血性节肢动物，包括蚊、蜱、蚤和虱等媒介病原体所造成的感染，其媒介病原体包括病毒、立克次体（Rickettsia）、细菌、原虫和线虫等。以虫为媒的人类或动

物传染病疫情近年来渐渐严重，包括疟疾、登革热、西尼罗热（West Nile fever）和屈公热（Chikungunya Fever）等人类疾病，以及蓝舌病（Bluetongue）、裂谷热（Rift Valley）、非洲马疫病（African Horse Sickness, AHS）等动物疫病。据世界卫生组织估计，全球每年约有3亿人感染疟疾，约有5000万到1亿人感染登革热，约有1.2亿人感染丝虫病（Filariasis）。其他像黄热病、利什曼原虫病（Leishmania）、蟠尾丝虫病（Onchocerciasis）和日本脑炎等，这些虫媒传染病都严重影响人类的失能残活校正年（disability-adjusted life years）。加上气候变迁所造成的农作损害，导致发展中国家居民或牲畜营养不良，更严重地影响人类对疾病的抵抗力和免疫力。

数据显示，疾病的盛行多数发生在低温（14—18摄氏度）和高温（35—40摄氏度）的地理区。低温区受到全球温暖化的影响而呈现非线性的升温变化，受到影响最明显的物种应属病媒蚊，如疟蚊和斑蚊等。长期或短暂的暴雨可能会清除滋生源或助长产生新的病媒栖所，包括提供病媒节肢动物与宿主野鼠的食物和栖所等。从人类罹患的疾病也可看出气候变迁对虫媒影响的趋势，例如，隐孢子虫病（Cryptosporidiosis）、出血热（Hemorrhagic fever）、霍乱（肇因于亚洲恒河三角洲水温异常）、裂谷热、流行性脑膜炎双球菌感染症（肇因于撒哈拉以南非洲的干热季节）和疟疾（肇因于降雨和干旱），这些疾病皆被证实与水患或圣婴现象（the El Niño Southern Oscillation, ENSO）有关。简

要来说，气候变迁影响虫媒生态，也影响后续的传染病盛行。

据统计，自 17 世纪至 20 世纪初期，由虫媒传染病所造成的人口死亡数远多于其他疾病的死亡总数，包括疟疾、黄热病、鼠疫、丝虫病、锥虫病（Chagas disease）和利什曼原虫病等；直到 1960 年后，非洲以外的国家才逐渐重视这类疾病的严重性。随着气候变迁的影响，近三十年来出现另一波重要的、首次出现的新兴传染病，包括后天免疫缺乏症候群（AIDS）、汉他肺症候群（Hantavirus pulmonary syndrome）、埃博拉病毒（Ebola virus）、莱姆病（Lyme disease）和艾利希体症（Ehrlichiosis）等，所幸都能及时予以控制。共同感染的事件也陆续被发现，如人类免疫缺陷病毒（Human Immunodeficiency Virus, HIV）和利什曼原虫共同感染等。2004 年后，虫媒传染病如疟疾、登革出血热、西尼罗热、屈公热、裂谷热和斑点热（spotted fever）等愈益严重。根据世界动物卫生组织于 2008 年出版的探讨"气候变迁对动物媒介传染病的可能影响与风险"的专辑，多数国家认为蓝舌病、非洲马疫病、里夫古热、西尼罗热、内脏型利什曼原虫病等虫媒传染病受到气候变迁的影响最大。

至于气候变迁对虫媒及动物媒介人畜共通传染病（Vector-borne and Zoonotic Infectious Diseases）的影响，可以从三个层面来谈：第一，气候变迁促进动物宿主或病媒族群提升数量或扩展分布范围；第二，气候变迁延长疫病

感染和传播的周期，当阻断病媒生长的冬季低温消失，病媒得以延续生长并和冬季出没的动物宿主密集接触，更增加病原传播和适应新宿主后基因突变的机会；第三，气候变迁增加病媒或动物宿主迁移至新地区的比例。

近年来全球气候异常，除了既有的天然灾害事件，极端天气事件也数量逐年增加、规模逐年增强，包括火山喷发、风暴、洪水、干旱、热浪等，这些间歇性的天然事件已严重侵害人类健康和生存。虫媒传染病的流行不只受到气候变迁的影响，同时也受到人类行为的改变、人类迁移、国际旅游和贸易、土地开发、社会经济情况、医疗与公共卫生体系，以及病媒、病原体基因演化适应等因素的影响。

人类无限制的活动可以说是一种生物性污染。人为的全球气候变迁似乎是造成虫媒传染病跨地域传播和病例数增加的主要原因。在1980—1990年间，南美、中非和亚洲的疟疾与登革热盛行已被证实与人类交通和病媒蚊跨地域分布有关，例如以库蠓（Culicoides，或称为小黑蚊）为媒介的非洲马疫病和蓝舌病等。此外，登革热次要病媒蚊白线斑蚊（Aedes albopictus）入侵美洲的主要原因就是进口亚洲的废轮胎和幸运竹盆栽，由于斑蚊卵粒会黏附在轮胎或植物的表面，加上斑蚊虫卵具有耐干燥的特性，在便捷的国际交通网络协助下就形成一个很好的传递媒介。①

---

① 以上详见蔡坤宪、黄旌集、吴文哲，《气候变迁对虫媒及虫媒传染病的影响》，《台湾医学》第16卷第5期（2012），页479—488。

　　就个别的虫媒病种来看，1950年代东南亚爆发的登革热与登革出血热流行，迄今未断；1980—1990年代，古巴、南美洲多个国家和美国夏威夷爆发登革热流行。在全球化时代，都市中的贫民窟成为病媒的滋生源，都市拥挤强化了病媒传播效率；全球气候变迁等外在环境加速登革热病媒蚊的生长和扩展速率，在在造成登革热与登革出血热为全球卫生组织领导人的棘手问题。登革热病症分为两类：轻微的登革热（dengue fever，DF，致死率低）及严重的登革出血热（dengue hemorrhagic fever，DHF，致死率较高）。

　　就台湾地区而言，登革热一直是南台湾的梦魇。因为受到邻近国家登革热严峻疫情的影响，境外移入中国台湾的登革热病例近年来有增加的趋势，其中以越南、印度尼西亚、菲律宾、柬埔寨和泰国等国家引入比例较高。面对和解决这些看似缓慢但又突然的改变，人类必须扩大解决问题的角度和尺度，积极广纳跨领域、跨国际的共同合作模式，才能有效建构病媒、食物和水的减灾工程，将环境疫病特别是虫媒传染病控制甚至消灭。

　　台湾地区登革出血热的严重疫情最早于1922年在澎湖爆发流行，而1931年爆发本岛登革出血热流行，1943—1945年战争造成登革病毒的跨国流行，营养不良导致群聚感染人数激增，加上两次大战家户储备的空袭消防用水提供了病媒蚊滋生环境，终酿成全岛登革出血热流行。1949年台湾戒严，减少了境外移入病例，却提供了本土流行的机会。而1950年代的疟疾扑灭计划，以长效杀虫剂DDT

室内残效喷洒防治疟蚊，压制埃及斑蚊生长，即使本岛在朝鲜战争、越南战争时成为美军中继站，但斑蚊密度低仍难造成大流行，自此全岛成为登革清净区近38年。1987年7月台湾解严，第一型登革病毒悄悄自东港蔓延，台湾省传染病研究所紧急喷药，疫情虽有控制住的趋势，然而在暖冬的条件下，仍蔓延至高雄及台南。台湾登革热疫情自1988年后基本被控制，1990、1992、1996、1997年甚至本土病例少于境外移入病例，1990年更是本土零病例。1998年疾病管制局（简称疾管局）应运而生，自此登革热被视为一种疾病来控制，而忽略了它与环境的关系。此后快速喷药成为主要防治措施。然而同年台南市发生第三型登革病毒的登革热与登革出血热流行，幸而因数波寒流而中断。2002年高雄与屏东爆发第二型登革病毒，引起近六十年来最大规模的登革热与登革出血热大流行，本土确诊病例达5336例，其中241例为登革出血热（21例死亡）。2003年严重急性呼吸综合征（SARS）流行，机场、人群聚集处加强发烧筛检，民众对于传染病的认知增加，因此本土病例数创下1998年后的新低。2004年大部分的登革热病患在机场发烧筛检站通关时即被拦截，加上此期的疾管局局长有传染病防治的专业背景及延揽专业人才，登革热病在2004—2005年流行趋缓。历经两年无大疫情后，2006年第三型登革病毒在高雄县市边界老旧小区爆发流行，因地下室雨后积水，病媒蚊滋生，境外移入病例爆发后迅速蔓延至高雄市前镇、苓雅等区，疫情待入冬后才缓。台南市久

未流行登革热，2007年，当地空屋、空地脏乱，地下室积水情况显著。同年6月奇美医院通报首例登革热确诊病例后，卫生单位扩大采检范围，发现当地正流行。同年10月下旬台南市举办运动会，卫生单位加强会场周边监测，因此活动期间并无选手感染。2009年7月16—26日高雄市举办世运会，因此政府在会前即对常有流行病发生的三民、前镇与凤山三区扩大滋生源调查，且首次以诱蚊产卵器大规模进行病媒蚊主动监测，加上该年雨季晚，在世运盛会时本土病例是0（境外移入病例三例），初期防治成功。然而，世运会结束后，2009年8月8—9日莫拉克风灾制造大量环境滋生源，加上举办盛会后人力疲乏，致第三型登革病毒自小港引爆流行后，蔓延至前镇、苓雅等区，加上暖冬，入春前仍有零星病例。且经济复苏后东南亚地区旅客与外劳带来更多境外移入病例，致2010年台南与高雄有不少地区有两型以上登革病毒同时流行，其中台南主要为第一型（台南县）及第四型（台南市），高雄市三民区则主要是第二型及第三型登革病毒，且已出现三例15岁以下登革出血热确诊病例，幸而在2010年严冬数波寒流下未造成更严重的流行。

因东南亚长期为登革的"地方性流行区"（endemic）或"高度地方性流行区"（hyperendemic），台湾虽因戒严而阻绝登革病毒于境外达38年，但解严后，跨国旅游和外劳引进，加剧了境外移入病例点燃本土疫情的机会，在2000—2008年间东南亚共有1 020 333例登革出血热确诊

病例，主要分布在柬埔寨、越南、马来西亚和菲律宾等国，而这些年台湾与东南亚主要流行的登革病毒株基因序列较相近。

　　气候条件影响病媒蚊生长，且有季节性及地域性的流行病学特征。登革热与登革出血热最主要的病媒蚊，埃及斑蚊，适温范围为 20—32 摄氏度，然在近年全球暖化与气候变迁的氛围下，病媒蚊待环境适合生长时吸血效率提高，病毒外在潜伏期缩短，登革热爆发的风险将增。圣婴现象发生年，东南亚因高压笼罩呈异常高温干燥致民众储水，极适病媒生长，因此圣婴年可见东南亚登革热疫情持续不断，影响台湾，特别是 1998、2001、2002、2006 年均受圣婴现象影响，这几年登革病例数较往年为高。近期有文献指出，全球变暖有助于登革病毒更适应白线斑蚊及其行为改变，包括从户外飞进室内等均有助于登革疫情的北移，而都市的热岛效应亦使埃及斑蚊生长速度加快。[①]

　　在此必须一提的是 2015 年台湾南部的登革热疫情。据报道，2015 年入夏以来，全台湾累计 13 209 例本土病例，其中台南市 11 462 例、高雄市 1527 例，本土病例分布于 21 个县市，98.7％集中于南高屏。以台南市来说，流行疫情指挥中心表示，台南市登革热疫情在连续 14 周上升后，于 9 月中旬首度出现"反转"，确诊本土病例数由前一周的

① 以上详见董宗华、蔡坤宪、金传蓬、黄彦彰、金传春，《台湾社会政治环境变迁、防治策略与登革热流行及未来展望》，《台湾卫志》第 30 卷第 6 期（2011）：517—532。

3128 例，下降至 2920 例，显示采取政府介入、地方加强、民众配合这三大关键措施后，疫情防治已经见效。[①]

另外，2016 年，寨卡病毒感染症（Zika virus infection）正在流行。根据疾病管制部门的介绍，这种病毒为黄病毒的一种，主要经由蚊子叮咬传播，最早在 1947 年于乌干达的寨卡森林中的猕猴体内分离出来。目前依据基因型别分为亚洲型和非洲型两种，在中非、东南亚和印度等地都有发现的记录。过去只有少数人类病例的报道，直到 2007 年在密克罗尼西亚联邦的雅蒲岛爆发群聚疫情，人们才对此疾病有较多的认识。在台湾，可传播寨卡病毒的病媒蚊为埃及斑蚊（Aedes aegypti）及白线斑蚊（Aedes albopictus），这些蚊子的特征是身体黑色，脚上有白斑。其中埃及斑蚊的胸部背侧具有一对似七弦琴的白色纵线及中间一对淡黄色的纵线，较喜欢栖息于室内的人工容器中，或是人为造成积水的地方；白线斑蚊胸部背侧中间有一条白色且明显的纵纹，比较喜欢栖息于室外。寨卡病毒感染症目前无疫苗可预防，因此避免病媒蚊叮咬是最主要的预防方法。[②]

2016 年 1 月 19 日，台湾地区通报首例由泰国移入的寨卡病例，当日《中国时报》的报道指出，自 2015 年下半年起寨卡病毒疫情于中南美洲快速扩散，截至目前，中南美

---

① 陈瑄喻、黄文博，台北、台南报道，《南市登革热疫情已获控制》，《中国时报》2015 年 9 月 22 日，见 http://www.chinatimes.com/newspapers/2015092 2000409-260102，查询日期：2015 年 9 月 22 日。

② 见 http://www.cdc.gov.tw>传染病介绍>传染病介绍，查询日期：2016 年 2 月 4 日。

洲及加勒比海地区至少 17 国出现本土疫情。除上述地区外，非洲佛得角也曾出现本土病例，欧洲及美加地区则零星出现中南美洲及东南亚地区移入病例。亚洲地区曾检出寨卡病毒的国家包括柬埔寨、马来西亚、菲律宾、泰国及印度尼西亚，2013—2015 年还有自马来西亚、泰国、马尔代夫及印度尼西亚输出病例至他国的记录。[①] 据 2016 年 2 月 10 日新华社报道，中国大陆确诊首例境外移入寨卡病毒感染病例。[②] 2016 年 3 月 22 日，韩国首尔出现首例寨卡病毒病例。[③] 另据 2016 年 4 月 7 日的报道，越南出现寨卡病毒本土疫情，确诊的两例感染个案，其中一名是孕妇。全球则至少有 61 个国家、属地曾有寨卡病毒本土疫情记录。[④]

四、 空气污染与疾病

自从工业革命开始后，人类燃烧的石化燃料包括煤炭、石油及天然气，所使用的分量多到排放了 3650 亿吨的碳。因造纸、家具制造、盖房子等需求而大量砍伐森林，降低

---

① 陈瑄喻，《国内首例寨卡病毒境外移入泰籍男性感染》，见 http://www.chinatimes.com/realtimenews/20160119003440-260405，中时实时，2016 年 1 月 19 日，查询日期：2016 年 2 月 4 日。

②《天下杂志》，张咏晴报道，http://www.cw.com.tw/article/article.action?id = 5074526，查询日期：2016 年 4 月 8 日。

③ 见 http://www.ntdtv.com/xtr/b5/2016/03/22/a1258881.html，查询日期：2016 年 4 月 8 日。

④ 见 http://news.ltn.com.tw/news/life/paper/976581，《自由时报》，2016 年 4 月 7 日，查询日期：2016 年 4 月 8 日。

了树木之光合作用（吸收二氧化碳而排放氧），使得大气中的碳增加 1800 亿吨。现今空气中的二氧化碳浓度略高于 400 ppm，是地球 80 万年来的高峰，亦可能是几百万年来之最。如果增加趋势持续不变，大气中的二氧化碳浓度预估在 2050 年会超过 500 ppm，大约是工业革命前的两倍。依此速度增加下去，预计将使全球平均气温上升 2—4 摄氏度（温室效应），同时引发全球一连串的变迁，包括冰河消失（北极熊生存面临威胁）、低于海平面的岛屿及沿海城市遭淹没（因海水上升）、海水酸化，以及北极冰帽融化。海洋覆盖地球约 70％的面积，为所有生物供应氧气与平衡地球气候。当大气中二氧化碳浓度大幅增加，溶入海洋的二氧化碳量比从海水逸出的多，海水因此酸化，到 21 世纪末酸碱值（pH）可能降到 7.8，改变整个海洋生态系统平衡，进而影响珊瑚、海螺、海胆、海草、贻贝、藤壶、水母等海洋物种之生存与繁殖。

2014 年，奇美医院王建楠与李璧伊回顾了关于细悬浮微粒暴露与心血管疾病的研究，在此摘录他们的主要论点。重要空气污染物包括二氧化碳、二硫化碳（CS_2）、一氧化氮及微量重金属。有些污染物虽会引发立即性效应，但大多数污染物需在身体内累积一段时间才导致伤害。空气污染来源可分为自然界产出及人类行为产出：前者如火山爆发、岩床氡气释放、沙尘暴、龙卷风等；后者如汽机车排放、工厂排放、燃烧石化燃料、核弹试爆、燃烧稻草、隧道桥梁工程爆破、煤矿开采、使用焚化炉等。1952 年 12 月

5—8 日，大量浓雾覆盖整个伦敦，持续好几天。雾的主要成分是细悬浮微粒与二氧化硫（源自家用煤炭燃烧），急性大量暴露的结果是，其间死亡人数急速上升，尤其是本身已罹患慢性呼吸道疾病或心脏疾病者，约 60%—70% 为 60 岁以上的长者，另外 1 岁以下婴幼儿死亡率亦倍增。这促使英国政府于 1956 年立法通过《清洁空气法案》（Clean Air Act），限制家庭用煤炭之燃烧使用。

　　细悬浮微粒（PM2.5）是指悬浮于空气中、气动粒径小于等于 2.5 微米的粒子，约为头发直径的 1/28，由于其粒径极小，不能被鼻孔、喉咙所阻挡，易随呼吸连同吸附其上之有毒物质进入人体，对健康造成影响。美国是世界上最早提出 PM2.5 空气质量标准及相关管制规范的国家，从 1980 年开始陆续进行 PM2.5 各项基础研究，历经背景调查分析及建置工作，遂在 1997 年首次提出 PM2.5 空气质量标准，经过多次讨论修正，于 2012 年将空气质量标准修订为 12 ug/m^3（微克/立方米），取代既有之空气污染指标（Pollutant Standard Index, PSI）。国际癌症研究中心（International Agency for Research on Cancer, IARC）以发表文献之充分证据，将 PM2.5 列为人类一级致癌物，和石棉（asbestos）、砷化物（arsenide）、苯（Benzene）、电离辐射（ionizing radiation）、焦油（tar）、氡（Rn）、镭（Ra）、铬（Cr）、镉、氯乙烯（C_2H_3Cl）等致癌物质（carcinogen）并列，借以唤起社会大众及国家环境保护机构之重视。根据世界卫生组织建议，PM2.5 浓度若超过 25 ug/m^3 便须高度警戒，一旦超过 35 ug/m^3，就会对人体

造成不良影响。世界卫生组织近年强调空气污染对人体健康的危害，在 2013 年宣布污染的空气为一级致癌物，于 2014 年 3 月将空气污染列为全球最大的单一环境健康风险因素，提出 PM10、PM2.5 是威胁人类健康最主要的杀手。台湾环境保护部门为提升环境质量及维护民众健康，增订 PM2.5 空气质量标准，将其纳入管制，采用美、日两国的标准：24 小时平均值为 35 ug/m³，年平均值为 15 ug/m³。

以中国大陆的情况来说，在过去几年冬季，北京市民都经历了空气污染最严重的雾霾日子。在污染最严重的季节，其空气质量恶劣到仪器无法测量。雾霾问题并不只限于北京，2013 年，多达 92％的中国城市之空气质量未达安全标准，而煤炭是污染的主要源头。中国是全球最大的温室气体排放国，主因是燃烧煤炭。中国大陆疆域辽阔，人口共计在 13 亿以上。在中国境内，二氧化硫排放量的 75％、二氧化氮排放量的 85％、一氧化氮排放量的 60％和悬浮微粒的 70％，都来自家用燃烧煤炭。长期空气污染会引致慢性呼吸道疾病及心血管疾病，两者皆为中国导致死亡的十大主要疾病之一。

在都会区，上空大气层之化学物污染来源主要是道路交通运输，即来往机动车辆的废气排放。统计资料显示，截至 2014 年 5 月底，台湾共有机动车辆 21 399 173 辆，其中汽车有 7 434 703 辆，机车有 13 964 470 辆。每百人机动车数为 91.5 辆，每百人汽车数为 31.8 辆，以台湾岛面积及人口而言，机动车辆密度之高，可说高居全世界首位，

令人感到忧心及警惕，因废气引发之恶劣空气质量和大众身体健康息息相关。

在许多国家，一氧化碳中毒是致命空气中毒最常见之形态。一氧化碳是一种无色、无臭之气体，但毒性很高，它可和血红素结合形成一氧化碳血红蛋白（carboxyhemoglobin），其结合力为氧合血红蛋白（oxyhemoglobin）之250倍，会导致输送至身体组织之氧不足。约60％的一氧化碳来自道路上的机动车辆。慢性（长期）的苯暴露，可能破坏骨髓，导致过量出血与免疫系统失灵，增加被感染的机会；苯可能引发白血病（leukemia），也和其他血液癌症与前期癌有相关性。

以目前全球空气质量而言，不论是居住在发达、发展中还是不发达之国家，一个人很不容易可以自由自在、大口呼吸到新鲜空气。如果想要寻找世界上最纯净的空气，原始森林就是核心。位于澳大利亚塔斯马尼亚（Tasmania）的格林角（Cape Grim），堪称全世界纯净空气与水之乡的代表，该地空气中的悬浮粒不到每立方厘米600颗；相较之下，大城市测得的数值多达数万颗。因此澳大利亚政府选定在格林角设立空气质量监测站，站内设有质谱仪（mass spectrometer）及气相色谱仪（gaschromatography）等高科技设备，空气中只要飘过一阵发胶味或古龙水味，仪器便能监测出来。此地终年吹西风，直接带来南极的空气，这些空气飞越数千公里，短则数天，长则数星期，不会经过陆地或受到任何污染，也因此格林角成为空气质量

标准之设定地。[1]

就室内空气污染而言，以吸烟和二手烟（second-hand tobacco smoke，SHS）对健康危害最大。吸烟者吸入再呼出之主流烟（mainstream smoke）中，含有 4000 种以上化学物，其中有毒气体包括一氧化碳、氧化氮、氢化氰（HCN）、挥发性亚硝胺（nitrosamines）、甲醛（CH_2O）等；微粒相如生物碱（alkaloids），主要为尼古丁（Nicotine）和焦油；另外含有 69 种致癌物，其中 11 种由 IARC 列为一级致癌物。二手烟乃是由主流烟和侧流烟（sidestream smoke）混合而成，呈气相或微粒相，除了尼古丁外，另有氧化性化学物、致癌物及其他毒物。依据 2012 年 Lancet 期刊研究报告指出，导致全球死亡之前二十种健康风险因子中，分析各危险因子之失能残活校正年（disability adjusted life year，DALY）显示，居首位者为烟害（含吸烟及二手烟），约占 8.5%，表示因过早死亡而损失的潜在寿命最多，而烟害造成之校正年中，又以心血管疾病死亡人年数最多，超过一半。自 1981 年第一篇证实二手烟有害健康的研究报告提出后，迄今已累积上万篇研究报告证实二手烟对健康有害。在此值得注意的是，中华人民共和国卫生部于 2012 年 5 月公布《中国吸烟危害健康报告》，时任卫生部部长陈竺在序言中指出："烟草危害是当今世界最严重的公共卫生问题之一，全球每年因吸烟导致的死亡人数高达 600 万，

---

[1] 王建楠、李璧伊，《细悬浮微粒暴露与心血管疾病：系统性回顾及整合分析》，《中华职业医学杂志》第 21 卷第 4 期（2014），页 193—204。

超过因艾滋病、结核、疟疾导致的死亡人数之和。我国是世界上最大的烟草生产国和消费国，吸烟对人民群众健康的影响尤为严重。据调查，我国吸烟人群逾3亿，另有约7.4亿不吸烟人群遭受二手烟的危害；每年因吸烟相关疾病所致的死亡人数超过100万，如对吸烟流行状况不加以控制，至2050年每年死亡人数将突破300万，成为人民群众生命健康与社会经济发展所不堪承受之重。"这份报告系统阐述了吸烟及二手烟暴露对健康危害的相关问题，包括烟草及吸烟行为概述、烟草依赖、吸烟及二手烟暴露的流行状况、吸烟对健康的危害、二手烟暴露对健康的危害、戒烟的健康益处、戒烟及烟草依赖的治疗七方面内容。如同在对感染性疾病和职业性疾病的防治中产生了感染病学与职业病学一样，关于吸烟危害健康的研究与防治实践正在逐步形成一个专门的学科体系，可称之为烟草病学（tobacco medicine）。[1]

关于中国大陆沙尘暴对台湾空气质量的影响，中州技术学院梁大庆等人在2006年发表论文指出，发生于中国大陆西北地区中亚沙漠的沙尘暴对台湾空气质量的影响最大。沙尘暴发源地由西而东主要有四：（1）塔克拉玛干沙漠周边区；（2）河西走廊及阿拉善高原区；（3）内蒙古中部农牧交错带及草原区；（4）蒙陕宁长城沿线旱作农业区。在塔克拉玛干沙漠外围地区和贺兰山以西，由于中、上游水

---

[1] 中华人民共和国卫生部，《中国吸烟危害健康报告》（2012年5月），页8、12。

资源调配不当，下游农地水荒芜或在沙漠与绿洲过渡带盲目开垦，造成草原之地表水枯竭、地下水位下降、天然植被死亡，导致风蚀量大增。而东部沙漠化则集中在农牧交错地带，由滥垦、樵采、草原严重超限利用所引起，以农耕地土壤沙化砾化较为明显。近五十年来，中国北方地区沙尘暴发生次数呈现逐渐增加之趋势，1950 年代发生 5 次，1960 年代 8 次，1970 年代 13 次，1980 年代 14 次，1990 年代至 2000 年代初已发生 22 次。2000 年，从春季开始，中国北方地区发生的数十次扬沙和沙尘暴天气，袭击了大半个中国大陆，就连长江以南省份和台湾地区都受到影响。对 1959—1999 年间中国大陆地区全年气象资料加以分析，并比照发生沙暴（包括浮尘、扬沙和沙尘暴三种天气形态）之时间，可以得出结论：总计发生 762 次，每年平均发生沙尘天气之频率为 16.4 次。每年 4 月发生之概率最高（22.3％），5 月（17.7％）和 3 月（13.8％）次之，8 月最低（0.4％）。在 1995—2001 年间，4 月仍然是最高（39 次），3 月次之（30 次），5 月（21 次）再次之，与前四十年之数据稍有不同。

　　大陆的沙尘暴带给台湾的不良影响，包括固体悬浮粒子浓度增加，空气质量降低，造成眼睛及呼吸道疾病的病例增加。以 2001 年 4 月 8 日大陆的沙尘暴为例，搜集台湾相关资料，分析对北部、中部及南部空气质量的影响，可以明显看出，北部地区悬浮微粒在 11 日为 38 $\mu g/m^3$，12 日却高达 141 $\mu g/m^3$，突增 371％，而后数日依次渐减，

至 17 日为最低 29 $\mu g/m^3$，17 日起因降雨而脱离沙尘天气，影响约 5 日。中部地区在 13 日达到最高峰 177 $\mu g/m^3$，为 11 日背景值的 443％，18 日起因降雨而脱离沙尘天气，影响约 6 日。南部地区在 13 日达最高峰 196 $\mu g/m^3$，为 11 日背景值的 220％，19 日起脱离沙尘范围，影响约 7 日。要之，台湾一旦受到沙尘影响，悬浮微粒浓度会迅速增加至 100 $\mu g/m^3$ 以上，且由北而南、由临海到内陆上升。[①]

此外，淡江大学张雅梅于 2013 年发表论文指出，二氧化硫（SO_2）一直是台湾地区空气污染的主要污染物之一，它会造成呼吸器官的疾病，且提高某些癌症的致癌风险，对人体健康影响甚巨。不仅如此，二氧化硫会伤害农作物及行道树，且腐蚀建筑物，招致损失。关于台湾地区二氧化硫之空间分布，张雅梅对 2009 年台湾地区共 76 个监测站二氧化硫日平均资料加以分析，并以地图展示永和、新竹、仁武、花莲、林园及小港六个监测站的资料，发现永和、新竹、花莲三个监测站之二氧化硫月平均值，不会受季节影响而有太大的波动；但仁武、林园及小港等三地则受季节的影响很大。仁武与林园的二氧化硫月平均值会在春夏时下降许多，秋冬时期则上升；而小港地区的二氧化硫则在春季时下降，夏初时略升，夏末又会稍降，秋冬时期再上扬。整体而言，春天二氧化硫的含量偏高，空气质

---

① 梁大庆、张俊斌、柴铃武，《沙尘暴特性及其对台湾空气质量影响之分析》，《中州学报》第 23 期（2006），页 129—142。

量较差。桃竹、云林及高屏三大工业区的标准偏差皆偏高，显示其周遭地区二氧化硫的变化较大。[1]

五、　职业环境病

关于职业环境病，台湾的职业医学者曾在 2008 年做文献回顾。他们指出，根据世界卫生组织的标准，职业相关疾病或症候群可归纳为四大类：（1）明确由职业引起之疾病，如尘肺症。若非暴露于相关的工作环境中，一般人不会发生此疾病，因此确定为职业疾病。此项疾病被判定为职业疾病，其争论较少。（2）职业在许多致病因中具有因果关系。如支气管肺癌，可能由本身的危险因子如抽烟，与工作环境之致癌化学物质暴露，共同致病，可以在流行病学上找到因果的相关性。（3）职业为复杂致病因中的影响因素者，如慢性支气管炎。（4）职业为既有疾病之加重因素者，如气喘。若本有气喘的患者，在工作之后，由于暴露于环境中之致气喘物质或是对呼吸道刺激的物质，导致气喘症状加重，亦属于职业疾病。或是年轻时有气喘，在青春期已不发作者，到某工作环境后，由于环境的暴露再发作，亦属于职业疾病。

台湾地区化学性肝毒害已被报告的有以下几种。

---

[1] 张雅梅，《台湾地区二氧化硫之空间分布》，《智慧科技与应用统计学报》第 11 卷第 1 期（2013.6），页 25—34。

（1）四氯化碳（CCl₄）：1972 年发生飞歌公司的四氯乙烷和三美公司的四氯化碳中毒事件，在台湾劳工职业安全卫生史上具有重大意义。1985 年台北县某印刷工厂有三位员工发生呕吐、头晕、昏睡现象，肝脏切片呈现中心小叶坏死的现象。调查发现病因是清洁剂中含有 99％四氯化碳，且此工厂以异丙醇（isopropyl alcohol）作为助印剂，加重了四氯化碳的毒性。（2）二甲基甲酰胺（dimethylformamide, DMF）：1986 年在人工合成皮工厂中有一位工人出现肝生化检查异常，此病人不喝酒也无 B 型肝炎抗原，肝脏穿刺切片发现和化学性肝炎病理变化符合，最后怀疑是工厂使用二甲基甲酰胺造成。王荣德教授等针对 183 名员工进行肝功能检查及对工厂进行二甲基甲酰胺空气浓度测定，发现肝功能异常情形随二甲基甲酰胺暴露浓度增加而增加。（3）混合性有机溶剂：1989 年发生混合性有机溶剂事件，陈仲达医师调查两家油漆制造厂及 22 家喷漆场。通过对 180 个员工进行肝生化检查发现，只有 γ‑GT 与混合性有机溶剂的暴露有相关性，其他肝生化检查无异常情形。林宜长教授调查制鞋工厂有机溶剂暴露情形，在 468 名受测员工中有 5.8％对甲苯（toluene）、甲乙酮（methyl ethyl ketone）、二氯甲烷（methylene chloride）三种溶剂之暴露情形已超过法定标准。（4）氯仿（三氯甲烷，chloroform）：1992 年发生氯仿事件，台湾北部某塑料厂以氯仿为黏着剂，将两片沾过氯仿之塑料组件密接黏合。一位 26 岁女性工人在工作两周后出现头晕、发烧、倦怠、无力及黄疸，

经医师详细问诊及检验，同时将使用的原料进行化验分析，发现病人患氯仿引起之化学性肝炎。 （5）聚氯乙烯（polyvinyl chloride，PVC）：2002年翁瑞宏等发表报告，统计1950—1992年间3293位有聚氯乙烯暴露的工人，发现他们有较高机会产生肝脏恶性肿瘤，其中又以肝细胞癌为主。（6）多氯联苯（polychlorinated biphenyls，PCBs）：多氯联苯是一种相当稳定又好用的绝缘体，早期被用在电容器、变压器、可塑剂、润滑油、木材防腐剂、油墨、防火材料等中。1979年，彰化油脂工厂在米糠油加工除色、除臭的过程中，使用多氯联苯为热媒，其加热管线经多次热胀冷缩后产生裂缝，致使多氯联苯从管线中渗漏出来而污染到米糠油，造成彰化、台中地区食用该厂米糠油的民众受到多氯联苯污染毒害。1985年许书刀等发表报告指出，总数1843个病患的血清中多氯联苯的浓度为3 ppb—1156 ppm，12个病患死于肝细胞癌、肝硬化。（7）职业性肝脏癌症：致癌物主要有氯乙烯单体（vinyl chloride monomer，VCM）和砷，1977年、1978年和1987年都有个案报告。[①]

　　2015年，中台科技大学庄坤远等人提出有关硅酸钙板（calcium silicate）的研究。硅酸钙板为一种硅酸钙水合物与纤维的复合材料，目前为主要的室内装潢用耐燃板材，近年使用量逐年增加，在CNS13777分类规范中属于纤维强化水泥板的一种，环保硅酸钙板则添加回收再利用之废弃

① 周正修、廖文评、陈永煌、刘绍兴、罗庆徽，《职业性肝病暨台湾文献回顾》，《当代医学》第35卷第8期（2008年8月），页663—674。

物。依环保部门规定，产品回收料之来源，包括依有关规定所公告或许可为可再利用之废弃物，或资源者（飞灰、废触媒、废陶土、废沸石、废硅砂、纸浆等）。

为定量环保硅酸钙板厂使用再生材料内所含之元素种类，利用化学总量消化处理，进行全量消化，消化完毕后搭配原子吸收光谱仪AA分析测得消化液目标金属元素浓度。研究结果显示，环保硅酸钙板厂使用的原料中，镍于各再生原料 A 中含量均偏高（375 mg/kg），超出土壤管制标准的 200 mg/kg；再生原料 A、B 的砷含量分别为 87.2 mg/kg、75.0 mg/kg，略高于土壤管制标准的 60 mg/kg。经沟通协调获环保硅酸钙板厂同意，进行作业现场粉尘采样并做后续元素成分分析。作业现场总粉尘浓度、可呼吸性粉尘浓度检测结果显示，裁切作业区平均总粉尘浓度较高，最高达 0.269 mg/m³，其次为干燥区，最高值为 0.248 mg/m³，砂光作业区最高值为 0.201 mg/m³，抄造区劳工作业位置的平均总粉尘浓度 0.153 mg/m³ 也偏高，全厂测点之平均总粉尘浓度为 0.138 mg/m³，平均可呼吸性粉尘浓度为 0.096 mg/m³。对作业现场劳工重金属危害暴露研究结果显示，环保硅酸钙板厂使用的再生材料中：再生材料 A，镍含量 375 mg/kg，砷含量 87.2 mg/kg；再生材料 B，铜含量 145 mg/kg，镍含量 80.0 mg/kg，砷含量 75.0 mg/kg；再生材料 C，镍含量 70.0 mg/kg。作业现场粉尘采样样品分析浓度均低于检测极限，其原因可能为再生原料使用比例低，

显示劳工重金属危害暴露程度尚属妥适。[①]

关于石棉对人体的危害，高雄医学大学黄勇诚等人在2015年做文献回顾与疾病报告。他们首先介绍石棉的特性，指出石棉是自然界生成的纤维状水合硅酸盐矿的总称，主要分为两大类：其一为蛇纹石（serpentine），包括白石棉或称温石棉（chrysotile）等，是目前使用最广泛的石棉，占全球石棉产量90％以上；其二为角闪石（amphibole），包括褐石棉（amosite，或称铁石棉）、青石棉（crocidolite，或称蓝石棉）、直闪石（anthophyllite）、阳起石（actinolite）及透闪石（tremolite）等。早在四千年前就有石棉使用的记录，因它具有多种特性，包括防火、耐高温、绝缘、耐磨损、耐酸碱。石棉引起的肺疾病主要包括恶性间皮瘤（malignant mesothelioma）、石棉沉着病（asbestosis）、肺癌、胸膜斑（pleural plaques），及弥漫性胸膜增厚。国际癌症研究中心在1977年将石棉（所有种类）列为一级人体致癌物，并在1987年重新回顾文献再次确认其致癌性。

台湾的石棉大多依赖进口（政府从1986年禁止石棉开采），进口量自1970年代逐渐增加，在1980年代中期达到高峰。环境保护部门自1989年5月起将石棉归类为毒性化学物质，并禁止将其使用于新换装之自来水管，经过多次法令的规范，至2011年2月，石棉仅剩四种合法用途：挤

[①] 庄坤远、李联雄、杨崒苑、张家豪、张益国，《环保硅酸钙板制造、使用之粉尘及重金属暴露调查》，《劳动及职业安全卫生研究季刊》第23卷第4期（2015.12），页376—384。

出成型水泥复合材中空板、建材填缝带、石棉瓦及刹车来令片；2012 年 8 月起禁止用于挤出成型水泥复合材中空板及建材填缝带；2013 年 2 月起禁止用于石棉瓦之制造，预计 2018 年 7 月起禁止用于刹车来令片之制造。台湾虽已逐步禁用石棉，然而，从石棉暴露到恶性间皮瘤发生的潜伏期长达三四十年，因此黄勇诚等人的研究预测，台湾恶性间皮瘤的发生率会在 2015—2020 年间达到高峰。根据台湾癌症登记数据库统计，1995—2011 年胸膜恶性间皮瘤累积个案报告数为 463 个，其中男性 343 个、女性 120 个，呈现增加的趋势。目前相关的研究多为个案研究。①

　　关于金属矿山的职业病，青岛市中心医院李冬月等人在 2015 年的研究中指出，引发矿山职业病的危害因素包括以下五种。（1）粉尘：可引起堵塞性皮脂炎、粉刺、毛囊炎、脓皮病。（2）氮氧化物：长期低浓度（超过最高容许浓度）接触，可引起支气管炎和肺气肿。（3）二氧化硫：长期低浓度接触，可有头痛、头昏、乏力等全身症状以及慢性鼻炎、咽喉炎、支气管炎、嗅觉及味觉减退等。（4）噪声：长期接触可造成进行性的感音性听觉损伤，生产性噪声对某些接触者的神经系统、心血管系统、内分泌系统、免疫系统、生殖系统和消化系统也会产生一定的损害。（5）振动：强烈的全身振动可引起身体不适，甚至令

① 黄勇诚、林瑜茵、陈怡庭、王肇龄、庄弘毅，《石绵相关肺疾病病例报告与文献探讨——肋膜斑与恶性间皮瘤》，《台湾家医志》第 25 卷第 2 期（2015），页 157—164。

人无法忍受。振动可影响手眼配合，使注意力不集中。引起空间定向障碍，影响作业能力，降低工作效率，大强度的剧烈振动可引起内脏移位甚至造成机械性损伤。在全身振动的作用下，交感神经处于紧张状态，血压升高、脉搏加快、心脏出血量减少、脉压增大，可致心肌局部放血。全身振动对胃酸分泌和胃肠蠕动呈现抑制作用，可使胃肠道和腹内压力较高。[①]

至于职业病在中国大陆发生的情形，我曾在 2010 年发表有关尘肺的研究，在此不再细述。[②] 近年关于中国大陆个别地方的相关研究，以下就目前所掌握的资料略加介绍。

上海市金山区疾病预防控制中心王丽华等人 2014 年的论文指出，在 2000—2012 年，该区共报告职业病 6 类 343 例，依次是职业性眼病 210 例（61.22%）、职业性中毒 57 例（16.62%）、职业性皮肤病 45 例（13.12%）、尘肺 28 例（8.16%）、物理因素所致职业病 2 例（0.58%）、其他职业病 1 例（0.29%）。在职业性眼病 210 例中，化学性眼部灼伤 199 例（94.76%）、电旋光性眼炎 11 例（5.24%）。在职业性中毒 57 例中，急性职业性中毒 21 例（36.84%）、慢性职业性中毒 36 例（63.16%）。引起急性职业性中毒的病因中，砷化氢中毒占 33.33%、其他职业性急性中毒占 57.14%、丙烯酰胺中毒占 4.76%、职业性中毒性肝病占

---

① 李冬月、汤祥、侯舜、胡涛，《金属矿山职业病危害因素及对策分析》，《价值工程》第 21 期（2015.7），页 56—59。

② 刘翠溶，《尘肺在台湾和中国大陆发生的情况及其意涵》，《台湾史研究》第 17 卷第 4 期（2010 年 12 月），页 113—163。

4.76％。引起慢性职业性中毒的病因顺位依次为正己烷
（77.78％）、铅及其化合物（不包括四乙基铅）（13.89％）、
苯（5.56％）、汞及其化合物（2.78％）。在职业性皮肤病
45 例中，化学性皮肤灼伤 34 例（75.56％）、皮炎（包括接
触性皮炎、光敏性皮炎、电旋光性皮炎）11 例
（24.44％）。在尘肺 28 例中，病种顺位依次是硅肺
（53.57％）、电焊工尘肺（39.29％）、煤工尘肺（3.57％）、
其他尘肺（3.57％）。就职业病发病趋势来看，2000—2012
年金山区职业病总体发病呈 N 形反弹上升趋势。值得注意
的是，金山区职业病居首位的是小型企业，占 74.93％。①

上海市普陀区疾病预防控制中心胡芳与吴玉霞 2015 年
的论文指出，普陀区地处城乡接合部，企业规模以中小型
为主。在 2000—2014 年，上海市普陀区新发职业病 199
例，涉及六大类职业病：职业性尘肺病及其他呼吸系统疾
病、职业性皮肤病、职业性眼病、职业性耳鼻喉口腔疾病、
职业性化学中毒及物理因素所致职业病。该区新发职业病
199 例中，最多的是化学性皮肤灼伤 64 例（占 32.16％），
其次是化学性眼部灼伤 30 例（15.08％），第三是苯中毒 26
例（13.07％）。职业性皮肤病中，以化学性皮肤灼伤为主
（64 例，占 87.67％）；其次为接触性皮炎（30 例，占
10.96％）。职业性化学中毒 57 例（包括急性中毒 25 例、

---

① 王丽华、樊哲优、王朋、王莉萍、周雪松、郑驹，《2000—2012 年上海市金
山区职业病发病情况》，《职业与健康》第 30 卷第 4 期（2014.2），页 436—
438。

慢性中毒 32 例），其中以苯中毒为主，共 26 例（占
45.6%，包括急性 5 例、慢性 21 例）。职业性眼病 36 例中
包括化学性眼部灼伤（30 例，占 83.33%）和电旋光性眼
炎（6 例，占 16.67%）。职业性尘肺病 15 例中包括电焊工
尘肺 8 例（占 53.33%）、硅肺 4 例（占 26.67%）、铸工尘
肺 2 例（占 13.33%）、其他尘肺 1 例（占 6.67%）。另有 1
例其他呼吸系统疾病为职业性哮喘。物理因素所致职业病
为中暑，职业性耳鼻喉口腔疾病为噪声聋。[1]

江苏省南通市疾病预防控制中心毛叶挺与单利玲 2015
年的研究指出，南通市近年来抓住江海联动大开发的机遇，
在接轨上海、融入长三角经济一体化的进程中，船舶、纺
织、化工、电力、电子电器、机械等行业蓬勃发展。同时
尘肺病、职业性中毒等一些严重危害劳动者健康的职业病
发病率呈现逐年上升的趋势。2006—2013 年，南通市共诊
断职业病 180 例，其中尘肺病 80 例（占 44.44%），急性职
业性中毒 38 例（占 21.11%），慢性职业性中毒 8 例（占
4.44%），物理因素所致职业病 9 例（占 5.00%），职业性
皮肤病 6 例（占 3.33%），职业性眼病 2 例（占 1.11%），
职业性耳鼻喉口腔疾病 31 例（占 17.22%），职业性肿瘤 6
例（占 3.33%）。就新发尘肺病 80 例来看，其中硅肺 35 例
（占 43.75%）、电焊工尘肺 21 例（占 26.25%）、煤工尘肺
8 例（占 10.00%）、铸工尘肺 5 例（占 6.25%）、石棉肺 5

---

[1] 胡芳、吴玉霞，《2000—2014 年上海市普陀区职业病状况分析》，《环境与职业医学》第 32 卷第 10 期（2015），页 948—952。

例（占 6.25%）、滑石尘肺 1 例（占 1.25%）、陶工尘肺 1 例（占 1.25%）、其他尘肺 4 例（占 5.00%）。就职业病发病趋势来看，总例数的趋势曲线呈上升状态。尘肺病在职业病种类构成比中最重，于 2009—2011 年进入发病高峰期。急性化学中毒病例数上升趋势较明显，2013 年的职业病种类构成比首次超过尘肺。2013 年南通市出现了创纪录的持续高温天气，物理因素所致的职业病中中暑病例达到创历史的 7 例。职业性耳鼻喉口腔疾病中的噪声聋病例数上升趋势较明显，在职业病种类构成比中已稳居前三位。另外四类职业病中，职业性皮肤病病例数呈上升趋势，其他类职业病发病趋势基本平稳。[①]

另外，镇江市疾病预防控制中心李艳平等人 2015 年的研究指出，镇江市是一个以化工、造纸、船舶、电力、采矿等行业为主的工业城市，工业结构的特点导致当地职业病危害严重。2006—2013 年，镇江市共确诊职业病七大类 31 种 659 例；其中，尘肺 10 种，职业性中毒 11 种，职业性皮肤病 4 种，职业性耳鼻喉口腔疾病 1 种，物理因素所致职业病 1 种，职业性眼病 1 种，职业性肿瘤 3 种；尘肺、职业性中毒和职业性皮肤病发病数字居病例总数前三位，分别占 79.97%、6.07% 和 5.61%。从发病种类看，尘肺病主要是硅肺和煤工尘肺，这与镇江市有大量退伍的国防施工人员、存在大型发电厂以及镇江市 1990 年代之前存在

---

① 毛叶挺、单利玲，《2006—2013 年南通市职业病发病情况及趋势》，《职业与健康》第 31 卷第 12 期（2015.6），页 1598—1600。

多个煤矿企业有关，退伍人员所患硅肺病例数（143 例）占尘肺病例总数的 27.13%。职业性中毒以慢性中毒为主，而慢性中毒主要是正己烷中毒和苯中毒。这部分病例均来自制鞋业，中毒原因为所用胶粘剂中正己烷、苯等有机溶剂浓度高，作业场所通风条件差，劳动者个人无防护设施，工作时间长，发病前未进行过定期职业健康检查，作业场所缺乏有害因素监测，用人单位和劳动者缺乏基本的职业病防治知识，等等。职业性皮肤病主要是化学性皮肤灼伤，职业性眼病均为化学性眼部灼伤，这些患者主要因酸碱灼伤，这是因为镇江市化工企业较多，生产过程中需要使用各种化学物质，劳动者在操作工程中稍有不慎则易引起化学物灼伤。职业性耳鼻喉口腔疾病均为噪声聋，原因可能是镇江市的制造业较多（如化工、造纸、船舶、水泥等），而噪声是制造业普遍存在的职业病危害因素，在 21 名噪声聋患者中有 61.90% 来自造纸和船舶企业，这些企业应加强技术革新，降低生产性噪声，同时做好劳动者的个人防护措施，从而减少噪声聋的发生。[1]

广东省职业病防治院黄永顺等人 2014 年的论文指出，随着产业转型加快以及职业病防治工作深入开展，广东省职业病发病呈现了新特点。2001—2010 年，广东省共报告新发职业病 3153 例。新发病例数总体呈波浪形上升趋势，在 2001—2003 年呈短暂的下降后，2004—2007 年出现一个

---

[1] 李艳平、谢石、吴佳嫣、倪金风，《江苏省镇江市 2006—2013 年职业病发病情况分析》，《环境与职业医学》第 32 卷第 2 期（2015），页 132—135。

平缓的增长期，2008—2010 年呈快速增长趋势。2010 年报告的新发病例数最多，为新发病例数最少的 2003 年的 3.2 倍（585/182）。2001—2010 年广东省职业病新发病例涉及尘肺病、职业性中毒、物理因素所致职业病、职业性耳鼻喉口腔疾病、职业性皮肤病、职业性肿瘤和其他职业病共九类，无报告职业性放射性疾病病例。按照职业病分类，新发病例数居前六位的是尘肺病、职业性中毒、职业性皮肤病、职业性耳鼻喉口腔疾病、物理因素所致职业病和职业性肿瘤。2001—2010 年正处于"十五"时期和"十一五"时期，广东省工业化、城镇化进程加快，经济高速发展，GDP 呈现快速增长趋势，与此同时广东省新发职业病的新发病例数总体也呈波浪形上升趋势，并与 GDP 呈正相关关系。广东省职业病分类分布有以下特征：（1）广东省职业病分类分布与全国不同。在 2000—2009 年间，中国尘肺病新发病例数占当年新发职业病总数的 71.4%—82.6%，而2001—2010 年广东省职业病的分类以尘肺病和职业性中毒为主，分别占 41.36% 和 32.38%，其他七类职业病共占26.26%，三者呈"三足鼎立"局面。这可能与广东省和其他省份产业结构不同有关。广东省是典型的外向型经济，劳动密集型产业占据很大的比重。（2）尘肺病和职业性中毒仍然是广东省最严重的职业病。"十一五"期间广东省尘肺病的重点发病行业转向宝石加工和陶瓷建材等行业，新发病例数为"十五"期间的1.3倍，提示其高发的态势未得到有效的遏制。（3）物理因素所致职业病、职业性耳鼻喉口

腔疾病和职业性肿瘤等慢性职业危害的后果正在逐步显现。"十一五"期间正值广东省经济转型、产业升级时期，各种新的产业群和产业带的形成，以及新型原辅材料、新技术和新工艺等的引进使用，导致了新的职业病危害问题。[①]

另外，广东省职业病防治院温贤忠等人在 2014 年针对广东省在"十一五"期间（2006—2010 年）的情形做出研究。他们指出，在这期间广东省进入经济高速发展、产业结构调整优化的时期。同时，广东省的重大职业病危害事故得到有效遏制，职业性中毒的预防和治疗取得重大突破，职业病防治水平处于全国领先地位，但职业病防治形势依然严峻。2006—2010 年，广东省共报告新发职业病 1847 例。除职业性放射性疾病外，尘肺病、职业性中毒、物理因素所致职业病、职业性耳鼻喉口腔疾病、职业性皮肤病、职业性肿瘤和其他职业病均有报告。2006—2010 年广东省新发职业病的分类构成以尘肺病和职业性中毒为主，分别占 40.28％和 27.83％。此外，物理因素所致职业病、职业性皮肤病、职业性耳鼻喉口腔疾病和职业性肿瘤也占一定比例，此四类职业病共占 30.21％。在 2006—2010 年广东省新发职业病中，尘肺病以硅肺为主，占 81.59％；急性职业性中毒以二甲基甲酰胺、三氯甲烷和二氯乙烷等有机溶剂中毒为多见，共占 64.19％；慢性职业性中毒以苯中毒、

---

① 黄永顺、邹剑明、李旭东、林倩妮、金佳纯、温贤忠，《2001—2010 年广东省新发职业病分类分布特征分析》，《中国职业医学》第 41 卷第 3 期（2014.6），页 301—305。

正己烷中毒和铅中毒为多见，共占 87.70%；物理因素所致职业病以手臂振动病为主，占 89.17%；职业性皮肤病以三氯乙烯（TCE）药疹样皮炎、化学性皮肤灼伤、接触性皮炎为多见，共占 93.63%；职业性耳鼻喉口腔疾病以噪声聋为主，占 99.22%；职业性肿瘤以苯所致白血病为主，占 95.69%；其他职业病全部为职业性哮喘，占 100.00%。此外，在 1847 例新发职业病中，有机溶剂所致职业病 678 例，占 36.71%；重金属所致职业病 113 例，占 6.12%。就地区分布来看，21 个地级市，除揭阳市、潮州市未报告职业病病例外，其余 19 个地级市均有报告职业病病例，主要集中在珠三角地区。职业病报告居前十位的依次为深圳、东莞、佛山、广州、中山、江门、惠州、梅州、韶关和肇庆，共报告 1755 例病例，占 95.02%；其中深圳、东莞、佛山、广州和中山五个地级市合计报告 1523 例，占 82.46%。就行业分布来看，新发职业病病例主要集中在轻工、建材、电子、机械和建设行业，共占 85.71%（1583 例）。在报告的 1513 例企业规模的病例中，1213 例来自中小企业，占 81.92%。广东省职业病病谱具有一定的地域特色。原因主要有三：其一，2005 年后广东省逐步关闭省内煤矿，接触粉尘人群较"十五"期间（2001—2005 年）有所降低，目前尘肺病主要发生于宝石加工和陶瓷建材等行业；其二，广东省多次开展对粉尘和重金属等职业病危害专项整治活动，初步取得成效；其三，随着广东省工业化的发展，各种职业病危害因素造成的慢性健康损害正在逐

步体现。[1]

　　深圳市宝安区沙井街道位于深圳市西北部，是一个工业重镇，企业数量在 4000 家以上，工人超过 50 万。深圳市宝安区沙井预防保健所余新天等人 2014 年的研究指出，如何防治职业性中毒和职业病的发生是摆在职业卫生工作者面前的一道难题。在 2003—2012 年，由各级职业病诊断机构诊断的各类职业病达 107 例。从种类来看，包括尘肺、职业性中毒、物理因素所致职业病、职业性皮肤病、职业性眼病、职业性肿瘤等；其中以职业性中毒为主，共发病 58 例（占 54.2%）；其次是职业性皮肤病，共发病 19 例（占 17.8%）。在职业性中毒病例中，以正己烷中毒、三氯乙烯中毒和苯致白血病居多；而正己烷、三氯乙烯和苯等有机溶剂在电子生产行业中使用较多。深圳市宝安区沙井街道的产业结构以中小型私营企业及港澳台投资企业为主，部分企业存在生产方式和生产工艺落后、职业卫生防护设施缺乏、管理不完善等易导致职业病事故发生的因素。[2]

　　海南省疾病预防控制中心金蕾等人 2015 年的研究指出，海南省在 2006—2013 年报告新发职业病病例涉及四大类 15 种共 764 例，包括尘肺病 512 例（占 67.02%）、职业性中毒 250 例（占 32.72%）、职业性眼病和职业性皮肤病

① 温贤忠、李旭东、黄永顺、郑倩玲，《2006—2010 年广东省新发职业病病谱分析》，《中国职业医学》第 41 卷第 2 期（2014.4），页 157—162。
② 余新天、邱星元、边赛锋、张素丽、朱志良、吴俊华，《2003—2012 年深圳市宝安区沙井街道职业病病例分析》，《职业与健康》第 30 卷第 16 期（2014.8），页 2303—2305。

各 1 例（各占 0.13％）；其中死亡 14 例（占 1.83％），均为农药中毒病例。近 8 年海南省新发职业病病例以 2007 年报告的最少（22 例，占 2.88％），2010 年报告的最多（286 例，占 37.43％）。尘肺病 512 个病例中，以硅肺为主（508 例，占 99.22％），其余为铸工尘肺和其他尘肺（各 2 例，各占 0.39％）。职业性中毒病例 250 例，以急性职业性中毒为主（235 例，占 94.00％），慢性职业性中毒 15 例（占 6.0％）；急性职业性中毒病例以农药中毒为主（229 例，占 97.45％），其余 6 例均为一氧化碳中毒（占 2.55％）；慢性职业性中毒病例包括慢性苯中毒 14 例，锰及其化合物中毒 1 例。海南省 2006—2013 年新发职业病病例分布地区涉及东方市、海口市等七个市及乐东县、澄迈县等十个省直辖县。新发病例数居前三位的地区为东方市（465 例，占 60.86％）、保亭县（87 例，占 11.39％）和澄迈县（60 例，占 7.85％）。新发尘肺病 512 个病例主要分布于东方市（451 例，占 88.09％）。新发急性职业性中毒 235 个病例主要分布于保亭县（87 例，占 37.02％）和澄迈县（60 例，占 25.53％）。至于 15 个新发慢性职业性中毒病例，则均分布于海口市。从海南省职业病发病时间分布来看，以 2010 年新发病例最多（占 37.43％），2011 年次之（占 21.73％）。2010—2011 年诊断的所有尘肺病病例中，属于在本省务工后返回原籍诊断的病例占 96.88％（373/385），其中 338 例由安徽省六安市疾病预防控制中心报告，35 例由广西壮族自治区职业病防治研究院报告，而由本省诊断

机构诊断的尘肺病只有 12 例，说明外来务工人员是本省职业病的高发群体。[①]

青岛市中心医院李风月等人 2015 年的研究指出，青岛市在 2006—2013 年新发职业病病例 700 例，涉及五大类 29 个病种，分别是职业性尘肺病及其他呼吸系统疾病、职业性化学中毒、职业性耳鼻喉口腔疾病、职业性皮肤病、职业性肿瘤五大类。其中居前三位的病种依次是职业性尘肺病及其他呼吸系统疾病（504 例）、职业性化学中毒（98 例）、职业性耳鼻喉口腔疾病（79 例）。就青岛市职业病发病人数趋势来看，2006—2013 年新发职业病总例数呈递减趋势，其中 2006 年 119 例（占 17.0%），2007 年 124 例（占 17.7%），2008 年 89 例（占 12.7%），2009 年 88 例（占 12.6%），2010 年 77 例（占 11.0%），2011 年 79 例（占 11.3%），2012 年 72 例（占 10.3%），2013 年 52 例（占 7.4%）。从单一病种来看，尘肺主要集中在建材、纺织和有色金属行业；而化工行业是各类职业病多发行业。2006—2013 年青岛市新发尘肺病 492 例，居各类职业病首位。尘肺病例以石棉肺为主（217 例），其次为硅肺（65 例）及电焊工尘肺。就尘肺病发病趋势来看，自 2006 年以来新发尘肺患者人数基本呈现递减趋势，2007 年为发病高峰。新发职业性化学中毒共 98 例，占病例总数的 14.0%。其中急性中毒 57 例，慢性中毒 41 例。急性中毒以急性一

[①] 金蕾、王龙义、王川健，《2006—2013 年海南省职业病发病情况分析》，《中国职业医学》第 42 卷第 1 期（2015.2），页 113—117。

氧化碳及刺激性气体中毒为主，慢性中毒以慢性有机溶剂中毒为主。2006—2009 年新发职业性中毒患者人数基本呈现递减趋势，但 2009—2013 年新发职业性中毒患者人数呈递增趋势。①

沈阳市是中国东北地区以装备制造业为主的重工业基地，职业性疾病危害十分严峻，急、慢性中毒事件常有发生，严重影响了劳动者的身体健康。沈阳市第九人民医院高琳等人 2015 年的研究指出，2000—2014 年间沈阳市新增非尘肺职业病 169 例；其中以慢性职业性中毒所占比例较大，为 86 例（占 50.9%）；其余为职业性耳鼻喉病 31 例（占 18.3%）、急性职业性中毒 16 例（占 9.5%）、物理因素 11 例（占 6.5%）、生物因素 3 例（占 1.8%）、其他职业病 22 例（占 13.0%）。就发病趋势分析，2000—2014 年沈阳市慢性职业性中毒事件所占比重较大。总体来看，化学物及重金属中毒职业病发病数下降，而物理因素及噪声聋职业病有上升趋势。沈阳市的职业病突出表现为职业病病人总量大、发病率较高，经济损失大、影响恶劣，职业卫生问题已经成为严重影响社会稳定的公共卫生问题和社会问题。同时沈阳市职业病危害呈现量大、点多、面广的趋势，沈阳市目前存在职业病危害的企业高达 3500 多家，接触职业病危害的有 8 万多人，职业危害因素种类有 76 种之多，涉及机械、冶金、医药、化工、建材、轻工、电力、

———————————

① 李凤月、李弹弹、张忠安、薛辉、王丽，《2006—2013 年青岛市职业病病例调查与分析》，《工业卫生与职业病》第 41 卷第 5 期（2015），页 337—339。

纺织等众多行业，且大部分产生职业病危害的企业生产作业条件差、劳动强度大、职业病危害暴露强，严重影响劳动者的身体健康。[1]

陕西省汉中市疾病预防控制中心的夏小乐与陈先锋2014年的报告指出，陕西省汉中市在1995—2012年共确诊职业病447例，其中尘肺病412例（占92.17%）、职业性慢性中毒22例（占4.92%）、职业性皮肤病9例（占2.01%）、职业性噪声聋3例（占0.67%）、职业性肿瘤1例（占0.22%）。在尘肺病412例中，以煤工尘肺最多，190例（占46.12%），其次是硅肺162例（占39.32%），另外是石棉肺46例、水泥尘肺10例、电焊工尘肺4例。就尘肺病行业分布情况来看，煤矿行业153例、石棉行业46例、建材行业37例、非煤矿矿产行业39例、钢铁行业28例、机械行业28例、石英砂行业14例、化工行业3例、其他行业64例。按人群分布情况来看，1995—2012年汉中市确诊的412例尘肺病中，农民工215例（占52.18%）、国有用人单位职工165例（占40.05%）、集体用人单位职工32例（占7.77%）。[2]

西安市地处中西部，是西部大开发的桥头堡，存在职业病危害的各类企业数千家，目前向陕西省安监局备案的有1009家，备案的接触各类职业病危害因素的员工有4万

① 高琳、酒泉，《2000—2014年沈阳市非尘肺职业病发病情况及趋势分析》，《中国工业医学杂志》28卷第5期（2015.10），页372—374。
② 夏小乐、陈先锋，《1995—2012年汉中市职业病发病情况分析》，《职业与健康》第30卷第4期（2014.2），页454—455。

多人。2015 年，陕西省西安市疾病预防控制中心柳春雨和袁永新指出，2008—2014 年西安市共报告职业病新病例 83 例，其中硅肺 53 例（占 63.8%）、电焊工尘肺 6 例（占 7.2%）、噪声聋 6 例（占 7.2%）、石棉肺 3 例（占 3.6%）。按所属企业经济类型分析，尘肺发病主要集中在国有企业，占发病总数的 78.3%；私营或独资企业占发病总数的 19.3%；集体企业占发病总数的 2.4%。就西安市新发职业病行业分布来看，最多的是制造业 35 例（占 42.2%），其次是建筑业 29 例（占 34.9%），再次是采矿业 10 例（占 12.0%）。其他批发零售、交通运输、热力电力、租赁服务、房地产业也有少量分布。值得关注的是，硅肺 53 例主要分布在建筑业（27 例）和制造业（16 例）。西安市职业病发病人数从 2010 年开始呈逐年上升趋势，这与全国职业病发病趋势一致。[①]

六、 气候变迁与新兴传染病

在前面讨论虫媒疾病时，已提到气候变迁对虫媒疾病的影响，以下再举一些例子来说明新兴传染病。山东大学公共卫生学院王金娜与姜宝法 2012 年的研究指出，气候变化是指气候平均状态统计学意义上的改变或持续较长时间

---

① 柳春雨、袁永新，《2008—2014 年西安市新发职业病特征分析》，《职业与健康》第 31 卷第 18 期（2015.9），页 2567—2569 转 2572。

的气候变动。气候变化主要表现为三方面：全球气候变暖、酸雨、臭氧层破坏，其中全球气候变暖是人类面临的最严重的问题。平均气温的升高将增加传染病、心脑血管疾病、呼吸系统疾病和营养不良等各类疾病的患病风险，造成疾病负担的增加。此外，气候变化对人群心理健康也产生了一定的影响，造成疾病负担的加重。气候变化是健康效应网络的远程环节，中间通过很多非气候因素影响健康，而这些非气候因素的改变会影响疾病的基线水平和其对气候的敏感性，导致预测结果的不确定性，因此在建模预测时要将这些非气候因素考虑在内。还要重视对气象和疾病历史资料的研究。另外，研究需要环境科学、地理科学、信息科学、公共卫生等各个学科实现资源共享，从多角度开展研究。[1]

台湾大学林若婷与詹长权 2009 年发表的论文指出，根据联合国政府间气候变化专门委员会（IPCC）第四次气候变迁的评估报告，目前全球气候变迁已经对人类产生的健康冲击主要分为三大类：（1）改变传染性疾病的传染途径与分布区域；（2）改变花粉季节的时间与空间分布；（3）因热浪肆虐导致的死亡人数增加。全球气候变迁对于人类健康有直接与间接的冲击：直接的冲击以气候发生极端变化为主，如温度的剧烈变化、降雨量的骤变、海平面升高等层出不穷的极端天候现象所导致的天然灾害对健康

---

[1] 王金娜、姜宝法，《气候变化相关疾病负担的评估方法》，《环境与健康杂志》第 29 卷第 3 期（2012.3），页 280—283。

造成之冲击；间接的冲击则是改变了水、空气、食物的质量，以及生态系统、农业、工业、住宅、经济的改变等等所衍生的健康问题。另外全球气候变迁也会改变现有的环境、社会与健康体系，进而直接或间接影响人类的健康。这些影响现在看来似乎不大，然而在气候变迁影响下的未来，全球变暖效应将对人类的生活产生深远影响。全球气候变迁相关的传染性疾病，被研究最多的属病媒传染病中的登革热与疟疾，而登革热又是目前全世界最重要的病毒引起的急性传染病。全世界有三分之一的人口居住在登革热传播盛行的区域，许多研究报道都指出，登革热的时空分布与气候息息相关，例如气象条件与埃及斑蚊分布密度之间的关系。一般来说，高温与充沛的雨量都会增加登革热传播的机会，但是在干旱的环境下，特别要注意的是民众经常会使用容器储水，反而提供登革热病媒蚊最佳的繁殖场所，病媒滋生源随着气候变暖而扩张，终将导致登革热问题随着全球气候变迁而恶化。疟疾的分布与传播，短期随季节的温度高低变动，长期则与抗药性及艾滋病感染相关，原本介于恶性疟原虫流行边缘的区域，会由全球变暖带来更大的疟疾风险。其他媒介传染病则也多受到气候因子影响，特别是下大雨或洪水之后改变了人类-病原-啮齿动物之间接触的关系，例如过去中南美洲与南亚都发现，每当洪水之后，钩端螺旋体病例常有出现。另外，中国的研究也指出，血吸虫症的分布与温度上升有关，在全球变暖之后，血吸虫宿主能够生长的最低温度区域逐渐往北方

发展，额外使得两千多万人口受到感染血吸虫症的威胁。

　　全球的经济发展、气候变暖及环境变迁关系着我们的健康，也影响着全球及个别国家卫生政策的拟定与执行。过去强调需要影响低收入国家对于气候变迁的适应性，然而，我们看到高收入国家在面临飓风、热浪等极端天候现象所带来的冲击时，同样缺乏足够的应变能力，因此，如何因应全球气候骤变已经是所有国家、所有地区面临的共同挑战。在全球气候变迁的影响下，为了对传染病流行状况进行常年监测，世界卫生组织建议应该透过收集、分析各种层级的气候数据，例如气候和雨量等预报数据的相互连接，建立传染病预警系统，来预测和评估传染病流行区域范围等时空分配与风险趋势。与气候相关的传染性疾病为：霍乱、疟疾、流行性脑脊髓膜炎、登革热/登革出血热、黄热病、日本脑炎和圣路易脑炎（St. Louis encephalitis）、裂谷热、利什曼原虫病、非洲锥虫病（亦称非洲昏睡病，African trypanosomiasis）、西尼罗热、墨累谷脑炎（Murray Valley encephalitis）、罗斯河病毒（Ross River Virus, RRV）及流行性感冒。在上述传染性疾病中，台湾最常见的传染病，就是登革热与流行性感冒。

　　林若婷与詹长权建议，面对全球变暖所造成的传染病流行，卫生单位必须于既有之传染病监测系统上，致力于落实传染病数据监测的完整性与地域涵盖面，并进一步开发以气候条件为基础的预测模式，量化传染病的流行时空趋势，以作为传染病防治政策之建立与评估的基础。跨部

门的合作，透过上层的环境、社会与医疗体系的改善，特别是弱势族群与高风险族群所处的环境，更可以有效地提升人民生活环境质量与公共卫生条件，共同预防传染病的发生并阻止全球变暖的情形更加恶化。[①]

2012年，一群在台湾研究医学、管理学与气候变迁的学者共同发表了一篇论文，讨论气候变迁与传染病的流行趋势。他们指出，气候变迁为当今全球最重要的议题，对全球卫生造成三个层次的影响：最直接而严重的如极端气候（热浪、寒流、洪水、火灾等死伤），其次为传染病、过敏、空气污染，最后是资源分布不均导致迁徙避难与战争。

他们分析台湾与全球1901—2007年的气象数据，发现全球温度在1990年后显著增高，每十年增加0.065摄氏度，温度改变的分布以亚洲、美洲内陆、日本至中国台湾区域较明显。而台湾在近三十年，每十年增0.36摄氏度，增度较全球更为剧烈，且百年增温趋势值是每十年增温0.15摄氏度，为全球平均值（0.065摄氏度）的两倍。在雨量上，未来台湾北部、东部将增加，南部却减少。其次，降水日数与相对湿度的趋势是逐年减少，显示台湾有逐年变干的趋势。根据分析台北、台中、台南、恒春、花莲及台东六个百年气候观测站资料中有关气温变化、日高低温差变化、极端温度变化、海平面变化、日照变化、相对湿

---

① 林若婷、詹长权，《全球暖化所造成的新兴传染病与防疫政策》，《医疗质量杂志》第3卷第4期（2009.7），页4—8。

度变化与极端降雨的数据，结果显示，台湾的气候变迁对未来传染病流行影响较大的是海平面变化、相对湿度变化、极端温度变化与极端降雨，后两项的公共卫生准备与强化防疫的紧急应变力最为重要。

气候对传染病流行的影响可概括为四类。（1）人畜共通与虫媒传染病：增温减少病原在宿主体内成长时间、延长疾病传播时间，气候改变扩展宿主与病原的繁殖区域及增加经由交通运输传播至新区域的机会。（2）水媒传染病：影响水质与供水量，旱灾或洪水会导致居民迁徙，增加不净水疾病传播，暴雨增加病原进入水源的机会，增加病原的生存与繁殖率，增加人体暴露皮肤黏膜以及与水污染接触的机会。（3）呼吸道传染病：暖冬减少呼吸道病例数，但在空气污染严重的区域，会损伤人的呼吸道黏膜，增加疾病发生率，且气候变迁会改变候鸟迁徙模式，增加流行性感冒（流感）传播至新区域的概率。（4）侵袭性真菌病：生态与气象变化会影响当地环境（如水文、土壤），改变真菌释放传染性孢子，对免疫缺失及过敏患者等高风险人群影响较大。

近几十年受气候变迁、全球变暖之影响，病媒蚊的生存范围改变，从热带国家逐渐北进至中纬度国家，随之影响当地生态，也带来新兴传染病；而全球变迁议题更开启了1990年代世界气象组织（World Meteorological Organization, WMO）与联合国环境规划署（United Nations Environment Program）的天气监测合作。在虫媒传染病方面，目前较有

研究的疾病包括疟疾、登革热与蜱媒相关疾病。疟疾因每年死亡人数高，现已在非洲相关研究中串联全球气候变迁模式进行预测；登革热因主要病媒蚊——埃及斑蚊——不耐低温，而高温环境缩短其自卵孵育至羽化成蚊的时间，因此近年在东南亚及中南美洲等地区愈演愈烈，另外圣婴现象也与登革热流行有关联；蜱媒传染病主要分布在温带地区，例如，在西伯利亚每年春夏流行的苏联春夏脑炎（Russian Spring-Summer Encephalitis），中国的棘球蚴病（echinococcosis）、而本雅病毒科（又译为布尼亚病毒科，Bunyavirus，severe fever with thrombocytopenia syndrome virus，SFTSV，发烧伴血小板减少综合征）在近年也因气候变暖而导致流行时间延长。

呼吸道传染病，种类繁多，包含流感、肺结核、严重呼吸道症候群、流行性脑脊髓膜炎、退伍军人症（Legionellosis）、麻疹或真菌有关的疾病。然而目前与气候有关且较有研究的是流行性感冒病毒及流行性脑脊髓膜炎，发现其与相对湿度和温度两重要气候变项相关，尤其是在天冷时常加速流行，而近年也有寻觅与大尺度的全球气候变迁如圣婴现象之关联性，可能导致天寒助长病毒传播，而造成疾病剧增。然而其他呼吸道传染病与气候的关联较少被研究。

水媒传染病往往在洪水发生后爆发流行，使救灾与重建工作雪上加霜。而气候变迁增强降雨发生频率、损毁公共卫生系统，且因难取得洁净的食物及水，加上废弃物清

理等问题，因此易爆发经粪口传染的传染病如霍乱、伤寒、痢疾。另淹水时民众常浸泡在受病原微生物感染的污水中，若身有伤口时易出现如钩端螺旋体病（leptospirosis）、类鼻疽（melioidosis）的感染。极端气候也导致干旱，导致缺乏粮食与饮用水，旱灾时民众营养不良致免疫力降低，因此更易促使粪口传染的传染病发生。

气候变迁对于人畜共通与虫媒传染病的最大影响是导致动物的迁徙及虫媒传染病的版图扩大。如在亚洲的迁徙候鸟对散播高致病性禽流感病毒扮演重要的角色，2005年中国大陆青海湖区域高致病性禽流感 H5N1 流行后，即随着候鸟的迁徙传播至欧、亚、非等地造成流行。另外全球最重要的虫媒传染病（指疟疾），也因气候变迁而在非洲扩大版图。

在多种气候变迁中，强降雨是过去、近年与未来影响台湾最重要的灾变。有研究指出，1994—2008 年间有八种重要的传染病与台湾的强降雨相关，包括水媒的 A 型肝炎、肠病毒、细菌性痢疾（bacillary dysentery）、钩端螺旋体病、类鼻疽及虫媒的登革热/登革出血热、日本脑炎、恙虫病（scrub typhus）。其中强降雨与细菌性痢疾和肠病毒最相关。水灾后民众清理家园时，须穿雨鞋或防水长靴，戴防水手套及口罩，做好个人防护；工作完毕或卸去装备后，应以肥皂及清水洗手。老年人，身体衰弱、免疫功能不佳、慢性病患（癌症、器官移植、艾滋病、糖尿病、心脏病、高血压病患及酒瘾者等）及皮肤有外伤者，

应避免皮肤接触污水／物或淤泥，避免引发严重细菌感染而需要截肢。另在传染病的传播、疾病的严重度与公共卫生层面，仍以传染力强的人流感与台湾已有的禽流感病毒H5N2值得重视，曾导致重大健康危害的登革热与登革出血热大流行是否因全球变暖而北移跳出北回归线，也值得重视。

登革热为台湾最重要的虫媒传染病，由黄病毒科（Flaviviridae）黄病毒属（Flavivirus）中的登革病毒所引起，依抗原性的不同分别称为第一、二、三、四型。依其临床症状可分为轻微的"登革热"（dengue fever，DF，致死率低）及严重的"登革出血热"（dengue hemorrhagic fever，DHF，致死率较高）。在登革热的流行区，境外移入病例与合适的天气对于本土流行影响甚巨，而登革热的本土流行传播模式均是起源于夏季境外移入个案的传播，每年9—11月达高峰，并于冬天结束疫情。特别是台湾的病人多为成人，尤以50—54岁的成人最多，此流行病学特征与东南亚泰国的多集中于学童迥异。

在肠病毒方面，对台湾2000—2008年的肠病毒监测数据库进行分析，结果发现，肠病毒的高发年龄层为5岁以下幼童，每年的发生率为0.72/100 000至32.5/100 000，暖月有较高的发生率，流行高峰常落于每年6月。肠病毒重症的发生与感染第71型肠病毒或克沙奇A、B型肠病毒强烈相关。而肠病毒重症病例发病前的3—5天平均温度为8—32℃、平均相对湿度为45％—100％、平均累积降雨量

为 20—30 mm 较容易导致肠病毒重症的流行，若相对湿度
小于 75％，就会有增加重症病例数的趋势，肠病毒疫情流
行年的湿度较非流行年为高。[1]

关于全球变暖对老人健康的影响，台北荣民总医院
陈炳仁与陈亮恭 2009 年的研究列举了全球发生的事例。
例如美国，在 1980 年的热浪侵袭下，推估有 1700 个病
例因此死亡。1995 年发生在芝加哥长达五天的高温与前
一年同期正常温度下造成的死亡个案相比增加了 85％、
住院数增加了 11％，也就是说至少增加了 700 个死亡病
例与 1000 个住院病例，尤其是原本就有糖尿病、呼吸道
疾病、神经系统疾病的病人。而且这些健康危害跟热浪
有直接关联，1999—2003 这五年间，美国平均每年因热
浪死亡的人数将近 700 人，共造成 3442 人的死亡。热浪
在美国已经成为造成死亡人数最多的气候因素，比飓风、
龙卷风、雷击、洪水、地震的总和还多。在热浪引起的
健康危害与死亡之中，老年人的风险最高，除了老年人
因体温调节能力变差导致身体对于温度变化的适应能力
变差、中枢神经对于口渴的感觉较不敏锐之外，他们比
较常综合有重大疾病及衰老、独居、社会支持系统较差、
无法自力改变居住环境以应付热浪侵袭等状况，使得高
温对于老年人健康的危害更为显著，例如 2003 年发生在

---

[1] 金传春、詹大千、董宗华、赖毓敏、颜慕庸、石富元、金传蓬、陈锦仪、
高瑞鸿、彭文正、陈端容、刘绍臣，《气候变迁与传染病的流行趋势：公共
卫生的挑战、因应及管理》，《台湾医学》第 16 卷第 5 期（2012），页 489—
502。

欧洲的热浪侵袭带走约 35 000 条人命，其中大部分就是老年人与慢性病人。整个热浪造成人类生命危害的影响可能还是处于被低估的状态，因为在世界各地对于判断因高温导致死亡的临床客观准则歧异甚大，以致有许多其实是因体温过高引起的死亡没有被明确诊断归类，另外其他可能因高温而增加死亡概率的疾病还包括缺血性心脏病、脑中风、呼吸道疾病、意外事件、暴力事件、自杀与谋杀等，所以我们必须更加谨慎面对和处理热浪持续加剧造成国际健康的重大问题。

他们详细列举了全球变暖与呼吸道疾病、心血管疾病、传染性疾病、由水与食物传播的疾病以及由昆虫与其他动物传播的疾病。结论指出，全球变暖的确使得老年人的健康受到诸多威胁，而且影响的层面与范围也日益加剧，除了医疗卫生单位需要强化临床医疗上的知识与处理能力、公共卫生政策的推动防范、医疗资源可近性以及全球变暖对健康危害的本土性研究之外，更需要针对老年人的生活照护、居住环境设备、家庭小区支持系统等方面做全面性的规划与改善，才能够真正解决老年人口因为全球变暖所造成的健康危害困境。[1]

综上所述，由环境因素所导致的疾病已愈来愈普遍地发生在人类社会。各地区因地理条件、气候条件、社会经济条件与文化条件的差异，而有不同种类与不同程度的环

---

[1] 陈炳仁、陈亮恭，《全球暖化对老人健康的影响》，《医疗质量杂志》第 3 卷第 4 期（2009.7），页 9—13。

境疾病，然而，环境疾病的危害都不可忽视。面对这种潜在的危险与挑战，21 世纪的人类只有更加努力地珍惜环境、保护环境，以期减轻环境疾病的危害。

第八章　结语

　　环境史在 1970 年代兴起于西欧国家和美国，到 1990
年代也在中国兴起，至目前，则已成为全球各地关注的重
要的学术研究领域。本书第一章介绍了环境史的兴起、发
展与主要的研究课题，接着第二章至第七章分别讨论环境
与人口、环境与经济、环境与社会、环境与政治、环境与
文化、环境与疾病。在各章中举例讨论了相关的理论研究
和实证研究，呈现了环境史宽广的范围和视野。本书所举
的论述当然不是毫无遗漏，不过，已足以展现近五十余年
来环境史研究的重要成果，提供线索给有兴趣研究的学者
作为进一步研究的参考。

　　很显然，环境史研究是跨领域的，需要借助于自然科
学、社会科学和人文学多领域的知识，以便处理人类与环
境互动的复杂问题。对于以历史学为专业的人来说，需要
努力充实历史学以外的知识，以便能够得心应手地从事环
境史研究，这是我对于年青学者的期待和勉励。

乐 道 文 库

"乐道文库"邀请汉语学界真正一线且有心得、有想法的优秀学人,为年轻人编一套真正有帮助的"什么是……"丛书。文库有共同的目标,但不是教科书,没有固定的撰写形式。作者会在题目范围里自由发挥,各言其志,成一家之言;也会本其多年治学的体会,以深入浅出的文字,告诉你一门学问的意义,所在学门的基本内容,得到分享的研究取向,以及当前的研究现状。这是一套开放的丛书,仍在就可能的题目邀约作者,已定书目如下,由生活·读书·新知三联书店陆续刊行。

（2021 年 1 月更新，加粗者为已出版）

U0392644